数字化转型与
智能制造

化工行业智能制造实践与探索

智慧工厂构建攻略　赋能化工行业未来智能化转型与升级

武春雷 等著

DIGITAL
TRANSFORMATION
INTELLIGENT
MANUFACTURING

天津出版传媒集团

天津人民出版社

图书在版编目（CIP）数据

数字化转型与智能制造 / 武春雷等著. -- 天津：
天津人民出版社, 2024. 11. -- ISBN 978-7-201-20847
-3

Ⅰ. TH166

中国国家版本馆CIP数据核字第2024LC0525号

数字化转型与智能制造

SHUZIHUA ZHUANXING YU ZHINENG ZHIZAO

出　　版	天津人民出版社
出 版 人	刘锦泉
地　　址	天津市和平区西康路35号康岳大厦
邮政编码	300051
邮购电话	（022）23332469
电子信箱	reader@tjrmcbs.com

责任编辑	刘骏飞
特约编辑	金　铭
封面设计	明轩文化·王　烨

印　　刷	天津市银博印刷集团有限公司
经　　销	新华书店
开　　本	710毫米×1000毫米　1/16
印　　张	17.25
字　　数	220千字
版次印次	2024年11月第1版　2024年11月第1次印刷
定　　价	88.00元

时年九月,序属三秋,寒潭影影,暮山巍巍。

手握书卷,陷入沉思。

中华民族之工业从无至有,由弱转强,历经艰辛,步步血泪。

1840年,鸦片战起,虎门烟净,落后之农业国面对发达之工业国,丢盔卸甲,颓势尽显,丧权辱国,尊严尽失。

1895年,属国被吞,甲午海战,日本以区区弹丸国之舰船,覆没我国几十年洋务运动所建之北洋水师,堂堂大国兵败山倒,割地赔款,负伤祈饶。

1931年,日本悍然发动侵华之战争,神州焦土,生灵涂炭,中华民族已临十分危险之境地。面对工业化武装之现代军队,中国军民数倍伤亡于敌人。落后岂止挨打受气?落后是挨宰之羔羊!落后是刀割之鱼肉!吾国以巨大之代价取得抗战之胜利,迫使日本国偏居一隅,然其仍居世界工业大国之林。鸣呼哀哉!我中华民族何时才能工业立国?

1949年,经中国共产党28年艰苦卓绝之奋斗,毛主席在天安门城楼庄严宣告:中华民族站起来了!1955年7月,中国第一个五年计划通过,156个中心项目和694个建设项目正式立项实施。自此,打下中国工业的坚实基础,铺就中国工业的康庄大道。

2001年,中国正式加入世贸组织,深刻改变了全球市场的格局,制造业产值于2004年超过德国,2006年超越日本,2010年赶超美国,称名副其实的世界工厂,为举世瞩目的工业大国,百年夙愿得以初步实现。

时光荏苒，岁月如梭。我国基础研究与原始创新不断加强，5G通信、人工智能、大数据、超级计算机、量子信息等领域的创新成果不断涌现。"智能制造"已具备实施的技术条件，中国制造业又迎来超越发展的宝贵时机。

2015年，《中国制造2025》发布，智能制造上升为国家战略，中国制造面对全球的竞争，已然不再跟随、不再复制，而要引领、要超越、要创新。中国的制造，誓言位居世界制造业之前列。

天津历来为人文、科技、产业荟萃之地，已创造超百项中国第一，其中包括全国第一家电报局、第一所矿务局、第一支近代海军、第一台飞机发动机。盛宣怀先生创办的北洋大学堂，为中国最早的现代大学，开中国近代高等教育的先河，培育无数投身报国的人才。范旭东、侯德榜先生创立的"永久黄"，为中国最早的现代化工企业，为中华民族工业的策源地。时至今日，天津的化工、医药、装备、电子、汽车、航天、航空等工业领域基础尤为雄厚，发展异常迅速；"智能制造"率先由天津的企业家进行思想创新，由天津的企业进行探索实践，这是天津制造业的呼应，为历史发展的必然。

身处智能制造的示范基地，注目浮光彩影的百米大屏，倾听荡气回肠的建设历程，心潮起伏，思绪万千。今日的中国，已是工业强盛的中国、创新引领的中国；来日的中国，必是世界工业巅峰的中国！

愿《数字化转型与智能制造》一书发挥更大的价值！

愿企业家精益求精，笃行不怠，做出更大的贡献！

马新宾

2023年9月于天津大学

创新蓝图——
数字化转型与智能制造的兴起

工业领域的错综复杂中，承载着一段令人激动的转型与进步之旅。这是"工业4.0"和《中国制造2025》战略蓝图推动的激情故事。这两项重大举措已成为制造业发展的引路灯，照亮着通往数字化转型与智能制造时代的旅程。

作者作为中国智能制造和技术整合领域的先驱者，将带领我们踏上这段探索之旅。本书是作者卓越思想的洞察、经验和智慧的集结之作。透过天津渤海化工集团专家的视角，读者将被带入一个由工业变革编织而成的画卷，融合了深邃的智慧和实用的理解。

一、定义新境界：数字化转型与智能制造

数字化转型和智能制造的本质不仅仅是采用尖端技术，它代表了企业文化和运营的复兴，涵盖了创新工具的整合，比如物联网、大数据分析和前沿的人工智能。本书致力于引导传统制造方式向着智能高效的领域转变。

二、探索之路：实施数字化转型与智能制造

读者将踏上一段横跨技术、流程和管理的奥德赛之旅。

（一）技术先进

充分挖掘物联网设备的潜力，贯穿企业各个环节。通过大数据分析揭示精妙的洞察，塑造制造业未来。从智能设备管理到自适应学习，探索智能技术带来的无限可能。这一过程体现并整合了新型网络技术、物联网、GIS、移动处理技术、仿真技术、无线蓝牙传感、智能视频、大数据技术、机器学习、ERP、MES、APS等技术与应用。

（二）流程优化

重新构想和优化业务流程，将流程与智能工厂的各项功能深度融合。实现信息流、生产流和业务流的无缝整合和互操作，为工厂的全生命周期和运营维度带来显著提升，实现整体运作的优化。

（三）管理革新

作者在数字化转型和智能制造的实践中提及了结构方面的变革。这种变革不仅仅是技术引入，更关乎企业整体结构和管理的转变。数字化转型涵盖了从传统的垂直管理结构向更具灵活性和横向协作的新型管理模式的过渡。在这新型结构中，信息不再受特定层级或部门的限制，而是全方位地实现互联与协作。通过技术支持，数据更为透明，决策更科学客观。这种数据驱动的管理模式带来更为灵活和迅速的反馈循环，使企业更快地适应市场变化，作出更具前瞻性的战略决策。

三、现实实践：作者的经验见解

作者揭示了数字化转型与智能制造的深刻实践和应用。本书不仅仅是指南，更是智慧的宝库，为冒险探索工业转型领域的企业和远见领袖提供了宝贵指引。

同时，根据爱波瑞集团二十多年的精益数字化咨询经验，精益在数字化转型中扮演着至关重要的角色。它不仅仅追求价值最大化、改善流程和减少资源浪费，更能为数字化转型与智能制造指引出更为精准的方向。

本书数字化转型与智能制造的实践经验对其他企业具有重要的参考价值。这不仅仅关乎技术应用，更涉及企业文化、流程和管理的全面变革。转型之路即企业的变革之路，需要变革思维、引领人才，以及长风破浪会有时的决心，方能成功蜕变。

愿中国制造在数字化转型与智能制造的道路上不断前行,迈向制造强国的行列!

王洪艳

爱波瑞集团董事长

《中国制造2025》指出："新中国成立尤其是改革开放以来，我国制造业持续快速发展，建成了门类齐全、独立完整的产业体系，有力推动工业化和现代化进程，显著增强综合国力，支撑我世界大国地位。然而，与世界先进水平相比，我国制造业仍然大而不强，在自主创新能力、资源利用效率、产业结构水平、信息化程度、质量效益等方面差距明显，转型升级和跨越发展的任务紧迫而艰巨。"

2013年"工业4.0"概念被正式提出，全世界为之震动，科学家预言第四次科技革命即将到来，"智能制造"将是世界制造业的必然方向。一时间，各业备受鼓舞，各强国摩拳擦掌，制造业集体欢呼，喜迎前所未有之大变局。

2015年《中国制造2025》发布，作为制造业头号大国的中国，不仅要积极参与智能制造，更要引领智能制造的世界大势。"制造业是国民经济的主体，是立国之本、兴国之器、强国之基。十八世纪中叶开启工业文明以来，世界强国的兴衰史和中华民族的奋斗史一再证明，没有强大的制造业，就没有国家和民族的强盛。打造具有国际竞争力的制造业，是我国提升综合国力、保障国家安全、建设世界强国的必由之路。"

《中国制造2025》指出："当前，新一轮科技革命和产业变革与我国加快转变经济发展方式形成历史性交汇，国际产业分工格局正在重塑。必须紧紧抓住这一重大历史机遇，按照'四个全面'战略布局要求，实施制造强国战略，加强统筹规划和前瞻部署，力争通过三个十年的努力，到新中国成立一百年时，把我国建设成为引领世界制造业发展的制造强国，为实现中华民族伟大复兴的中国梦打下坚实基础。"

历史的车轮滚滚向前,天下大势顺势而成。2023年,《数字化转型与智能制造》定稿,历时数年,几经寒暑,完成了从构思、调研、研讨、初步设想、行动实践、总结提升、思想升华、行业示范等的一整套思想与实践相结合的闭环,探索出一套独特的全局思考、易理解、可操作、利推广的思想指引与行动方案,供各位同行参考。

《数字化转型与智能制造》这本书对化工行业的数字化、智能化发展进行了深入的思考,这是中国化工行业蓬勃发展的必然趋势,是国家智能制造战略下的必然要求,是时代的必然选择。期望此书能为"智能制造"和"数字中国"提供有益的帮助。

本书由武春雷负责全书策划、编撰和审定,主要撰稿人还包括王俊明、刘格宏、张晔辉、李育峰、王琪、张国强、丛树轩、张鑫、马光辉、马文佳、顾德俭、李磊、张磊。

本书内容专业性强、涉及面广、时间跨度大,经几易其稿,求精求实。在撰写过程中,我们也得到了多位专业人士的大力支持。但由于学识、认知所限,书中难免出现内容、观点、文字不妥之处,恳请各位专家和读者批评指正。

目录

第一章

建设智能工厂的背景

第一节　智能制造是大国角力的竞技场

面对新一轮工业革命,《中国制造2025》明确提出,要以新一代信息技术与制造业深度融合为主线,以推进智能制造为主攻方向。世界各国都在积极采取行动,美国提出"先进制造业伙伴计划"、德国提出"工业4.0战略计划"、英国提出"工业2050"、法国提出"新工业法国计划"、日本提出"社会5.0战略"、韩国提出"制造业创新3.0计划",都将发展智能制造作为本国构建制造业竞争优势的关键举措。

一、德国"工业4.0"

2013年4月的汉诺威工业博览会上,德国总理默克尔正式提出"工业4.0"战略,其目的是提高德国工业的竞争力,在新一轮工业革命中占领先机。德国"工业4.0"研究项目由德国联邦教研部与联邦经济技术部联手资助,在德国工程院、弗劳恩霍夫协会、西门子公司等德国学术界和产业界的建议和推动下形成,并已上升为国家级战略。自2013年4月在汉诺威工业博览会上正式推出以来,"工业4.0"迅速成为德国的另一个标签,并在全球范围内引发了新一轮的工业转型竞赛。

"工业4.0"概念是由集中式控制向分散式增强型控制的基本模式转变,目标是建立一个高度灵活的个性化和数字化的产品与服务的生产模式。在这种模式中,传统的行业界限将会消失,并会产生各种新的活动领域和合作形式。创造新价值的过程正在发生改变,产业链分工将被重组。

德国学术界和产业界认为,"工业4.0"概念即是以智能制造为主导的第四次工业革命,或革命性的生产方法。该战略旨在通过充分利用信息通信技术和网络空间虚拟系统——信息物理系统(Cyber-Physical Systems)相结合的手段,将制造业向智能化去转型。

"工业4.0"项目主要分为三大主题:

一是"智能工厂",重点研究智能化生产系统及过程,以及网络化分布式生产设施的实现;

二是"智能生产",主要涉及整个企业的生产物流管理、人机互动以及3D技术在工业生产过程中的应用等。该计划将特别注重吸引中小企业参与,力图使

中小企业成为新一代智能化生产技术的使用者和受益者,同时也成为先进工业生产技术的创造者和供应者;

三是"智能物流",主要通过互联网、物联网、物流网整合物流资源,充分发挥现有物流资源供应方的效率,而需求方则能够快速获得服务匹配,得到物流支持。

德国制造业是世界上最具竞争力的制造业之一,在全球制造装备领域拥有领头羊的地位。这在很大程度上源于德国专注于创新工业科技产品的科研和开发,以及对复杂工业过程的管理。德国拥有强大的设备和车间制造工业,在世界信息技术领域拥有很高的能力水平,在嵌入式系统和自动化工程方面也有很专业的技术,这些因素共同奠定了德国在制造工程工业上的领军地位。通过"工业4.0"战略的实施,将使德国成为新一代工业生产技术(即信息物理系统)的供应国和主导市场,会使德国在继续保持国内制造业发展的前提下再次提升它的全球竞争力。欧盟及欧洲各国相继出台相关智能制造行动计划。

二、美国"先进制造伙伴关系"(AMP)

2011年6月24日,美国总统奥巴马启动"先进制造伙伴关系"(AMP)计划。AMP将聚合工业界(卡特彼勒、康宁、陶氏、福特、霍尼韦尔、英特尔、强生、诺斯罗普格鲁门、宝洁、联合技术)、高校(麻省理工学院、加州大学伯克利分校、斯坦福大学、卡耐基梅隆大学、密歇根大学和佐治亚理工学院)和联邦政府的力量为可创造高品质制造业工作机会以及提高美国全球竞争力的新兴技术进行投资。美国总统奥巴马在2012年宣布投资10亿美元建立15个制造业创新研究所(Manufacturing Innovation Institutes),并将以信息网络、智能制造、新能源和新材料领域的创新技术为核心,重新树立起美国制造业在21世纪的竞争优势。

2012年2月,美国总统行政办公室和国家科技委员会发布了《先进制造业国家战略计划》,正式将发展先进制造业提升为国家战略。

2013年,美国发布了《国家制造业创新网络初步设计》,决定投资10亿美元组建美国制造业创新网络,重点研究领域包括数字化设计、智能制造的框架和方法等。

2018年,美国又发布了《美国先进制造业领导力战略》,其中提出的未来优先关注技术方向包含:智能与数字制造、先进工业机器人、人工智能基础设施、制造业网络安全，并提出了强化中小型制造商在先进制造业中的作用、鼓励制造业创新的生态系统、加强国防制造业基础以及加强农村社区先进制造业等四个方面的行动目标。

三、日本"机器人新战略""超智社会5.0"

日本是全球工业机器人装机数量最多的国家，其机器人产业也极具竞争力。2015年1月，日本政府发布了《机器人新战略》，并提出三大核心目标：一是成为"世界机器人创新基地"，通过增加产、学、官合作，增加用户与厂商的对接机会，诱发创新，同时推进人才培养、下一代技术研发、开展国际标准化等工作，彻底巩固机器人产业的培育能力；二是成为"世界第一的机器人应用国家"，在制造、服务、医疗护理、基础设施、自然灾害应对、工程建设、农业等领域广泛使用机器人，在战略性推进机器人开发与应用的同时，打造应用机器人所需的环境，使机器人随处可见；三是"迈向世界领先的机器人新时代"，随着物联网的发展和数据的高级应用，所有物体都将能通过网络进行互联，在日常生活中，将产生无限多的大数据。

日本于2016年1月在《第五期科学技术基本计划》中，提出了超智能社会5.0战略，并在5月底颁布的《科学技术创新战略2016》中，对其做了进一步的阐释。

超智能社会5.0是在当前物质和信息饱和且高度一体化的状态下，以虚拟空间与现实空间的高度技术融合为基础，人与机器人、人工智能共存，可超越地域、年龄、性别和语言等限制，针对诸多细节及时提供与多样化的潜在需求相对应的物品和服务，是能够实现经济发展与社会问题解决相协调的社会形态，更是能够满足人们对高质量生活的需求。

2019年日本在信息技术方面以"人工智能"和"物联网"为代表取得进展。日本制铁推出具备超强计算能力、实施各种数据分析并应用AI的平台"NS-FIG®"，在其供应链和工程链中部署了先进互联网技术。该平台采用先进IT技术，可对大量数据进行深度分析。JFE钢铁公司2019年完成了8座高炉人工智能化（AI）的生产，使用AI进行分析并根据数据进行操作，从而实现可提前12个小时对高炉温度进行预测。

四、《中国制造2025》

《中国制造2025》是我国政府实施制造强国战略第一个十年的行动纲领。

《中国制造2025》提出,坚持"创新驱动、质量为先、绿色发展、结构优化、人才为本"的基本方针,坚持"市场主导、政府引导,立足当前、着眼长远,整体推进、重点突破,自主发展、开放合作"的基本原则,通过"三步走"实现制造强国的战略目标。第一步,2025年迈入制造强国行列;第二步,2035年中国制造业整体达到世界制造强国阵营中等水平;第三步,新中国成立一百年时,综合实力进入世界制造强国前列。

围绕实现制造强国的战略目标,《中国制造2025》明确了9项战略任务,提出了8个方面的战略支撑。

2016年7月19日,国务院常务会议部署创建"中国制造2025"国家级示范区。专家指出,"中国制造2025"提至国家级,较以前城市试点有所升级。"7月19日部署的'中国制造2025'国家级示范区相当于此前'中国制造2025'城市试点示范的升级版,"工信部赛迪研究院规划所副所长张洪国对《21世纪经济报道》表示,此前是以工信部为主来批复"中国制造2025"试点示范城市,并在国家制造强国建设领导小组指导下开展相关工作;今后将由国务院来审核、批复国家级的示范区,相关文件也将由国务院来统一制定。

2016年12月,《智能制造发展规划(2016—2020年)》指出,2025年前,推进智能制造实施"两步走"战略:第一步,到2020年,智能制造发展基础和支撑能力明显增强,传统制造业重点领域基本实现数字化制造,有条件、有基础的重点产业智能转型取得明显进步;第二步,到2025年,智能制造支撑体系基本建立,重点产业初步实现智能转型。

2017年12月,《高端智能再制造行动计划(2018—2020年)》指出,计划到2020年,突破一批制约我国高端智能再制造发展的拆解、检测、成形加工等关键共性技术,智能检测、成形加工技术达到国际先进水平;发布50项高端智能再制造管理、技术、装备及评价标准;初步建立可复制推广的再制造应用产品市场化机制;推动建立100家高端智能再制造示范企业、技术研发中心、服务企业、信息服务平台、产业集聚区等,推动我国再制造企业规模达到2000亿元。

2018年1月,《国家智能制造标准体系建设指南(2018年版)》指出,计划到2018年,累计修订150项以上智能制造标准,基本覆盖基础共性标准和关键技术标准。到2019年,累计修订300项以上智能制造标准,全面覆盖基础共性标准和关键技术标准,逐步建立起较为完善的智能制造标准体系,建设智能制造标准试验验证平台,旨在提升公共服务能力,提高标准应用水平和国际化水平。

2018年5月,《工业互联网APP培育工程实施方案(2018—2020年)》提出,到2020年,培育30万个面向特定行业、特定场景的工业App,全面覆盖研发设计、生产制造、运营维护和经营管理等制造业关键业务环节的重点需求;工业App应用取得积极成效,创新应用企业关键业务环节工业技术软件化率达到50%等。

2018年6月,《工业互联网发展行动计划(2018—2020年)》指出,计划到2020年底,初步建成工业互联网基础设施和产业体系。

2018年8月,《推动企业上云实施指南(2018—2020年)》指出,支持企业上云,有利于推动企业利用云计算加快数字化、网络化、智能化转型;促进互联网、大数据、人工智能与实体经济深度融合。

2019年11月,《关于推动先进制造业和现代服务业深度融合发展的实施意见》要求:推进建设智能工厂;加快工业互联网创新应用步伐;深化制造业服务业和互联网融合发展。大力发展"互联网+",激发发展活力和潜力,营造融合发展新生态。突破工业机理建模、数字孪生、信息物理系统等关键技术。深入实施工业互联网创新发展战略,加快构建标识解析、安全保障体系,发展面向重点行业和区域的工业互联网平台。

2020年4月,《工业和信息化部办公厅关于深入推进移动物联网全面发展的通知》指出,推进移动物联网应用发展,围绕产业数字化、治理智能化、生活智慧化三大方面推动移动物联网创新发展。产业数字化方面,深化移动物联网在工业制造、仓储物流、智慧农业、智能医疗等领域应用,推动设备联网数据采集,提升生产效率。

2020年4月,《工业和信息化部关于工业大数据发展的指导意见》指出,按照高质量发展要求,促进工业数据汇聚共享、深化数据融合创新、提升数据治理能力、加强数据安全管理,着力打造资源富集、应用繁荣、产业进步、治理有序的工业大数据生态体系。

2020年7月,《国家新一代人工智能标准体系建设指南》提出,到2021年,明确人工智能标准化顶层设计,研究标准体系建设和标准研制的总体规则;到2023年,初步建立人工智能标准体系,重点研制数据、算法、系统、服务等重点急需标准。

2020年12月,《国家新一代人工智能创新发展试验区建设工作指引(修订版)》提出，试验区依托地方开展人工智能技术示范、政策试验和社会试验，在推动人工智能创新发展方面先行先试、发挥引领带动作用的区域。试验区以解决人工智能科技和产业化重大问题为导向，创新体制机制，深化产学研用结合，促进科技、产业、金融集聚，构建有利于人工智能发展的良好生态，全面提升人工智能创新能力和水平，打造一批新一代人工智能创新发展样板。

2021年1月，《工业互联网创新发展行动计划（2021—2023年）》提出，目标是到2023年，新型基础设施进一步完善，融合应用成效进一步彰显，技术创新能力进一步提升，产业发展生态进一步健全，安全保障能力进一步增强。工业互联网新型基础设施建设实现量质并进，新模式、新业态大范围推广，产业综合实力显著提升。

2021年2月，《工业和信息化部关于提升5G服务质量的通知》提出，要全面提升思想认识，高度重视服务工作；健全四个提醒机制，充分保障用户知情权；严守四条营销红线，切实维护用户权益；统一渠道宣传口径，及时回应社会关切；建立三类监测体系，准确把握服务态势；强化协同监管，加强监督检查。

2021年4月，《"十四五"智能制造发展规划》提出，到2025年，规模以上制造业企业大部分实现数字化网络化，重点行业骨干企业初步实现智能化；到2035年，规模以上制造业企业全面普及数字化网络化，骨干企业基本实现智能化。"十四五"期间，规模以上制造业企业智能制造能力成熟度达2级及以上的企业超过50%，重点行业、区域达3级及以上的企业分别超过20%和15%，智能制造装备和工业软件技术水平国内市场满足率分别超过70%和50%。中国将建成120个以上具有行业和区域影响力的工业互联网平台。

2022年10月16日，中国共产党第二十次全国代表大会在人民大会堂隆重开幕，为全面建设社会主义现代化国家擘画蓝图。党的二十大报告指出，坚持把发展经济的着力点放在实体经济上，推进新型工业化，加快建设制造强国、质量强国、网络强国、数字中国。推动制造业高端化、智能化、绿色化发展，促进数字经济和实体经济深度融合。党的二十大报告为新时期持续深入推动智能制造发展指明了前进方向、提供了根本遵循。

2022年12月30日，工业和信息化部、国家发展和改革委员会、财政部、国家市场监督管理总局发布公告，公布2022年度智能制造示范工厂揭榜单位和优秀场景名单，其中智能制造示范工厂揭榜单位99家。

2023年1月12日,成立了由102位来自相关高校院所、行业组织和企业的院士、专家组成的国家制造强国建设战略咨询委员会智能制造专家委员会,分设战略与政策组、装备软件与解决方案组、行业应用组和标准网络与安全组。

欧洲各国智能制造行动计划汇总、美国重整制造业的主要政策、日本智能制造相关支持政策、中国智能制造相关支持政策请扫描以下二维码查看。

2023年2月底,中共中央、国务院印发了《数字中国建设整体布局规划》(以下简称《规划》)。《规划》指出,建设数字中国是数字时代推进中国式现代化的重要引擎,是构筑国家竞争新优势的有力支撑。加快数字中国建设,对全面建设社会主义现代化国家、全面推进中华民族伟大复兴具有重要意义和深远影响。

中、美、日、德四国根据自身特点都制定了符合自身需求的智能制造战略政策,四国的竞争不仅仅关系到制造业的兴衰成败,更关系到国力消长,国运转折。制造业是经济基础、立国基石,是国家昌盛所系、民族振兴所望,"智能制造"是必须夺取的战略阵地!

第二节 智能制造是行业发展的必然趋势

一、智能制造是企业打造核心竞争力的必然追求

粗放发展的时代已经过去,现在是产能过剩时代,是优胜劣汰的竞争时代,企业比拼的是谁的效率更高,谁的成本更低,谁的质量更优,谁的服务更好。打造企业的核心竞争力,成为了企业在新形势下的必然要求。

智能制造,将使企业生产效率更高、资源消耗更少、产品品质更好、单位成本更低、市场响应更快、环境影响更小,同时提升运营效率,提高管理水平,控制企业风险,减少决策失误。智能制造是提高企业竞争力水平的必由之路,并必将最终成为企业的核心竞争力之一,也将最终成为企业实现创新发展、智能发展、安

全发展、绿色发展的必由之路!

二、智能制造是安全环保节能低碳的现实需求

当前是"生命至上""绿水青山就是金山银山""创新、协调、绿色、开放、共享"的时代,企业与时俱进,不断践行新发展理念,但在安全环保耗能碳排方面面临巨大挑战。特别是石油、化工、冶炼等行业,对环境影响大,安全风险高,耗能碳排多,因此在推动管控提升、技术变革、减排达标方面,智能制造成为普遍达成的共识。在先行先试的智能工厂建设中,无一例外都将安全环保节能降碳作为重点,在大幅提升感知、协同、优化和预测四大能力方面,也做出了明显领先同行业的成绩。

三、"智能制造"已经成为行业发展的明确方向

"十三五"期间,工业和信息化部会同相关部门,通过产学研用协同创新、行业企业示范应用、央地联合统筹推进,智能制造发展取得长足进步。工信部从 2015 年开始,到 2018 年,共支持了 306 家企业的智能制造示范项目,取得了出色的先行先试、引领示范的效果。

历年智能制造试点示范项目名单请扫描以下二维码查看。

第三节 智能制造是时代发展的必然产物

一、历次工业革命的启示

第一次工业革命是指 18 世纪 60 年代从英国发起的一次巨大技术革命。它以 1785 年瓦特改良的蒸汽机为主要标志,其实质是以机器动力代替人力、畜力、风力、水力这些"天然"力量,只要购置足够多的机器,就可以获得近乎"无限"的动能,完成"无限"的人类工作。这是人类历史上第一次迎来真正的效率变革,意

义非凡。

19世纪,第二次工业革命分别以内燃机和电力的发明和应用为主要标志,极大地提高了生产力。特别是1866年,德国人西门子制成发电机之后,电能作为一种可以高效利用的能源,促成了无数的发明创造,彻底改变了人类社会。人类进入了全新时代:电气时代。

第二次世界大战之后,第三次工业革命爆发,以计算、通信、控制等信息技术的创新与应用为标志,持续将工业发展推向新高度。这次革命又被称为"第三次科技革命"。第三次科技革命以原子能、电子计算机、空间技术和生物工程的发明和应用为主要标志,是涉及信息技术、新能源技术、新材料技术、生物技术、空间技术和海洋技术等诸多领域的一场信息控制技术革命。第三次科技革命是人类文明史上继蒸汽技术革命和电力技术革命之后科技领域里的又一次重大飞跃,特别是电子计算机的发明,使得机器的算力在某种程度上首次超过人类,效率提升幅度之大是前两次工业革命所未曾达到的。

三次工业革命给我们的启示:

工业革命以效率提升为主要特点,特别是第一、二次工业革命,纺织机、蒸汽机、内燃机、发电机等大量高效率的机器问世,以效率见长的工业体系初步建立,其后电磁学、热力学等追求效率的科学与发明互动,直至发明核能、电子计算机等,大幅提高了全社会的生产效率。

工业革命越来越将重心转移至与人类密切相关的发明创造上,深刻改变了人类生活的各个方面,比如娱乐革命的留声机、电影、电视机,通信革命的电话、互联网、手机,出行革命的汽车、火车、飞机,穿衣革命的人造纤维等。

工业革命的一些重要成果,与上述目标不同,是以人类对未知世界的探索为出发点,如空间技术,但却对工业系统产生巨大的提升作用。

可以预见,第四次工业革命,仍是以效率提升为基础,更多关注人类健康、娱乐、沟通、心理满足,并以探索未知世界为重要标志的一场超越历史的新革命。

智能制造的核心内容符合工业革命的基本特征,是历史发展的必然结果。

二、第四次工业革命初现端倪

近年来,移动互联网、物联网、超级计算机、云计算、大数据、人工智能等新一代信息技术日新月异、飞速发展,并极其迅速地普及应用,促成了多领域的深刻变革,实现了多项历史性的进步。这些技术进步中,尤以新一代人工智能为杰出代表。其卓越的解决问题能力和融合新技术的潜力,展现出革命性技术进步的潜质。

(一) 移动互联网

移动互联网是通过便携式的智能终端,在移动状态下随时随地访问互联网的一种网络服务。表面看只是访问互联网的设备和位置状态发生了变化,核心内涵却是科技进步的结果。近几年,通信技术实现了3G经4G到5G的跨越式发展,智能手机、智能平板快速迭代,性能甚至超越了过去的台式机,移动互联网迅速普及,甚至变成人们生活中不可或缺的一部分,深刻地改变着人们的生活方式。除了在线搜索、在线聊天、移动网游、手机电视、在线阅读、网络社区、收听及下载音乐等与传统互联网关联度较高的应用之外,因其具有更加便捷更加迅速等诸多优点,打开了全新的应用之门。社交应用,如微信、支付应用,如支付宝、微信红包;密钥应用,如面部识别、NFC通信;位置服务应用,如高德地图、健康码;短视频应用,如抖音、快手;直播,如吃播、直播带货等。未来大有潜力的应用包括移动互联网通信业、移动互联网医疗行业、移动运动健康、移动互联网移动电子商务、移动互联网AR、移动互联网、移动电子政务等,移动互联网未来必将渗透人类活动的方方面面,或将成为现代文明社会的标志之一。

(二) 物联网

物联网(IoT, Internet of Things)即"万物相连的互联网",是在互联网基础上延伸和扩展的网络,将各种信息传感设备与互联网结合起来而形成的一个巨大网络,实现在任何时间、任何地点,人、机、物的互联互通。

物联网是新一代信息技术的重要组成部分,IT(Information Technology,即信息技术)行业又叫:泛互联,意指物物相连,万物万联。由此,"物联网就是物物相连的互联网"。这有两层意思:第一,物联网的核心和基础仍然是互联网,是在互联网基础上延伸和扩展的网络;第二,其用户端延伸和扩展到了任何物品与物品之间,进行信息交换和通信。因此,物联网的定义是通过射频识别、红外感应器、全球定位系统、激光扫描器等信息传感设备,按约定的协议,把任何物品与互联网相连接,进行信息交换和通信,以实现对物品的智能化识别、定位、跟踪、监控和管理的一种网络。

物联网的应用领域涉及方方面面,在工业、农业、环境、交通、物流、安保等基础设施领域的应用,有效地推动了这些方面的智能化发展,使得有限的资源得到更加合理地使用和分配,从而提高了行业效率、效益。在家居、医疗健康、教育、金融与服务业、旅游业等与生活息息相关的领域的不断拓展应用,从服务范围、服务方式到服务的质量等方面都有了极大的改进,大大地提高了人们的生活质量;在涉及国防军事领域方面,虽然还处在研究探索阶段,但物联网应用带来的影响也不可小觑,大到卫星、导弹、飞机、潜艇等装备系统,小到单兵作战装备。物联网技术的嵌入有效提升了军事智能化、信息化、精准化,极大提升了军事战斗力,是未来军事变革中的关键技术。

(三) 超级计算机

超级计算机是计算机中功能最强、运算速度最快、存储容量最大的一类计算机,多用于国家高科技领域和尖端技术研究,是国家科技发展水平和综合国力的重要标志。一个国家的高性能超级计算机,直接关系到国计民生、关系到国家的安全。几乎在国计民生的所有领域中,超级计算机都起到了举足轻重的作用。

1.超级计算机应用科学领域,促进时代发展

超级计算机利用其强大的数据处理能力,帮助人们改变了了解自然世界的方式,为社会提供了巨大的利益。它模拟大气、气候和海洋,可以精准预测地震和海啸。可以更好地理解龙卷风和飓风,或破译引起地磁暴的力量。超级计算机拥有快速数据处理能力,能预知全球气象,对气象卫星侦察的信息进行集中化数据处理,量化分析,建模分析。

2.超级计算机应用生产领域,节省人力资源

利用超级计算机强大的计算密度,对于一些事故发生率较高,在生命安全造成极大威胁的高危行业,可以利用超级计算机代替人工进行作业,如在地下采煤、高空作业、爆破工作和石油勘探等领域代替人类进行快速的数据处理和分析。这里的计算密度指的是超级计算机在一定体积和面积内的计算能力,这是计算精度和计算能力的体现。例如,2007年曙光4000L超级计算机就曾在发现储量高达10亿吨的渤海湾冀东南堡油田的过程中发挥了关键作用,而其后的曙光5000A超级计算机的应用,则进一步达到了地下数千米的勘探深度。

3.应用于医学制药、先进制造、人工智能等新兴领域

生物信息学成为超级计算新的应用领域,如人类基因组测序过程中产生的海量数据处理就离不开超级计算机。在医学领域,也利用超级计算机来模拟人

体各个器官的工作机理及人体内各种生化反应等。开发一种新的药品,通常需要从研制和试验的很多步骤,一般需要大约15年的时间,而利用超级计算机则可以对药物研制、治疗效果和不良反应等进行模拟试验,从而将新药的研发周期缩短3~5年,且可显著降低研发成本。除此之外,随着计算机技术的发展,在超级计算机的支撑之下,解决了很多重大的科学与应用领域的关键问题,促进了相关应用领域的快速发展,在其他领域,如人工智能、深入学习、生物医药、基因工程、金融分析等新兴领域也有大量的应用。

随着大数据时代的到来,超级计算机将会在未来信息化发展中大放光彩,首先是它和云计算、云储存联系在一起,为大数据技术的发展提供保障。未来超级计算机很可能会发展为共享服务器云计算的形式,以便发挥它极强运算速度和大批量数据处理的优势。另一方面,超级计算机本身的架构和组件方式可能也会有很大改变,尤其体现在体积的缩小化、运行的轻量化,以及成本的减量化。未来它将不仅仅作为一种国家战略存在,而且会涉入广阔的商业领域,这会进一步促进它的发展。

超级计算机作为一个国家信息化的一种重要体现,首先将会在国防科技、工业化、航天卫星等领域发挥重要作用;其次它会在诸如气象、物理、探测等领域显现出它的优势。依靠强大的数据处理能力和高速的运算能力,未来超级计算机将会是大数据时代的重要工具,而且会进一步普及我们的生活,为我们带来巨大的便利,这将为我们的日常生活和社会发展做出巨大贡献。

(四) 云计算

在2006年8月9日,Google(谷歌)首席执行官埃里克·施密特(Eric Schmidt)在搜索引擎大会(SES San Jose 2006)上首次提出"云计算"(Cloud Computing)的概念。这是云计算发展史上第一次正式地提出这一概念,具有巨大的历史意义。

云计算的可贵之处在于高灵活性、可扩展性和高性比等,与传统的网络应用模式相比,其具有如下优势与特点:

1. 虚拟化技术

必须强调的是,虚拟化突破了时间、空间的界限,是云计算最为显著的特点,虚拟化技术包括应用虚拟和资源虚拟两种。众所周知,物理平台与应用部署的环境在空间上是没有任何联系的,正是通过虚拟平台对相应终端的操作来完成数据备份、迁移和扩展等。

2.动态可扩展

云计算具有高效的运算能力,在原有服务器基础上增加云计算功能,能够使计算速度迅速提高,最终通过实现动态扩展虚拟化达到对应用进行扩展的目的。

3.按需部署

计算机包含了许多应用、程序软件等,不同的应用对应的数据资源库不同,所以用户运行不同的应用时,需要较强的计算能力对资源进行部署,而云计算平台能够根据用户的需求快速配备计算能力及资源。

4.灵活性高

目前市场上大多数IT资源、软、硬件都支持虚拟化,比如存储网络、操作系统和开发软硬件等。虚拟化要素统一放在云系统资源虚拟池中进行管理,可见云计算的兼容性非常强,不仅可以兼容低配置机器、不同厂商的硬件产品,还能够通过外设获得更高性能计算。

5.可靠性高

假如出现服务器故障也不影响计算与应用的正常运行。因为单点服务器出现故障可以通过虚拟化技术将分布在不同物理服务器上面的应用进行恢复,或者利用动态扩展功能部署新的服务器进行计算,从而消除故障带来的影响。

6.性价比高

将资源放在虚拟资源池中统一管理,这在一定程度上优化了物理资源,用户不再需要昂贵且拥有大存储空间的主机,用户可以选择相对廉价的PC组成云,一方面可以减少费用,另一方面计算性能也不逊于大型主机。

7.可扩展性

用户可以利用应用软件的快速部署的便利性,可以更为简单快捷地扩展自身所需的已有业务和新业务。例如,计算机云计算系统中出现设备故障,对于用户来说,无论是在计算机层面上,还是在具体应用上均不会受到限制。用户可以利用计算机云计算具有的动态扩展功能,来对其他服务器开展有效扩展,这样一来就能够确保任务得以有序完成。在对虚拟化资源进行动态扩展的情况下,能够高效扩展应用,迅速提高计算机云计算的操作水平。

云计算的应用场景如下:

存储云,又称云存储,是在云计算技术上发展起来的一个新的存储技术。云存储是一个以数据存储和管理为核心的云计算系统,用户可以将本地资源上传至云端上,可以在任何地方接入互联网来获取云上资源。大家所熟知的谷歌、微软等大型网络公司均有云存储服务。在国内,百度云和微云占有较大的市场份额。存储云向用户提供了存储容器服务、备份服务、归档服务和记录管理服务等等,大大方便了使用者对资源的管理。

医疗云,是指在云计算、移动技术、多媒体、5G通信、大数据以及物联网等新技术基础上,结合医疗技术,使用"云计算"来创建医疗健康服务云平台,以此来实现医疗资源的共享和医疗范围的扩展。因为云计算技术的运用与结合,医疗云可提高医疗机构的效率,方便居民就医。像现在医院的预约挂号、电子病历、医保等等都是云计算与医疗领域结合的产物。医疗云还具有数据安全、信息共享、动态扩展、布局全国的优势。

金融云,是指利用云计算的模型,将信息、金融和服务等功能分散到庞大分支机构构成的互联网"云"中,旨在为银行、保险和基金等金融机构提供互联网处理和运行服务,同时共享互联网资源,从而解决现有问题并且达到高效、低成本的目标。2013年11月27日,阿里云整合阿里巴巴旗下资源并推出阿里金融云服务。其实,这就是现在基本普及了的移动支付,因为金融与云计算的结合,现在只需要在手机上简单操作,就可以完成银行存款、购买保险和基金买卖。现在,不仅仅阿里巴巴推出了金融云服务,像苏宁金融、腾讯等等企业均推出了自己的金融云服务。

教育云,实质上是指教育信息化进一步发展的结果。具体的,教育云可以将所需要的任何教育硬件资源虚拟化,然后将其传入互联网中,以向教育机构和学生老师提供一个方便快捷的平台。现在流行的慕课就是教育云的一种应用。慕课(MOOC),指的是大规模开放的在线课程。现阶段慕课的三大优秀平台为Coursera、edX和Udacity。在国内,"中国大学MOOC"也是非常好的平台。2013年10月10日,清华大学推出MOOC平台——学堂在线,许多大学现已使用学堂在线开设了一些课程的MOOC。

(五) 大数据

大数据(Big data),IT行业术语,是指无法在一定时间范围内用常规软件工具进行捕捉、管理和处理的数据集合,是需要新处理模式才能具有更强的决策力、洞察发现力和流程优化能力的海量、高增长率和多样化的信息资产。

从技术上看,大数据与云计算的关系就像一枚硬币的正反面一样密不可分。

大数据必然无法用单台的计算机进行处理,必须采用分布式架构。它的特色在于对海量数据进行分布式数据挖掘,但它必须依托于云计算的分布式处理、分布式数据库和云存储、虚拟化技术。

随着云时代的来临,大数据也吸引了越来越多的关注。分析师团队认为,大数据通常用来形容一个公司创造的大量非结构化数据和半结构化数据,这些数据在下载到关系型数据库并用于数据分析时,会花费大量时间和费用。大数据分析常和云计算联系到一起,因为在应对实时的大型数据集分析时,需要拥有像MapReduce(一种编程模型)一样的构架,以便向数十台,数百台甚至数千台电脑分配工作。

大数据需要特殊的技术,以便有效地处理大量的短期内需要处理掉的数据。可适用于大数据的技术,包括大规模并行处理(MPP)数据库、数据挖掘、分布式文件系统、分布式数据库、云计算平台、互联网和可扩展的存储系统等。

大数据的价值体现在以下几个方面:

(1)对大量消费者提供产品或服务的企业可以利用大数据进行精准营销;

(2)做小而美模式的中小微企业可以利用大数据做服务转型;

(3)面临互联网压力之下必须转型的传统企业需要与时俱进地充分利用大数据的价值。

在这个快速发展的智能硬件时代,困扰应用开发者的是如何在功率、覆盖范围、传输速率和成本之间找到那个微妙的平衡点。企业利用相关数据和分析结果来降低成本、提高效率、开发新产品、做出更明智的业务决策等等。例如,通过对大数据的高性能分析,可以获得如下益处:

(1)及时解析故障、问题和缺陷的根源,每年可能为企业节省数十亿美元;

(2)为成千上万台快递车辆规划实时交通路线,躲避拥堵;

(3)分析所有SKU(库存单位),以利润最大化为目标来定价和清理库存;

(4)根据客户的购买习惯,为其推送可能感兴趣的优惠信息;

(5)从大量客户中快速识别出金牌客户;

(6)使用点击流分析和数据挖掘来规避欺诈行为。

(六)人工智能

人工智能是研究使计算机来模拟人的某些思维过程和智能行为(如学习、推理、思考、规划等)的学科,主要包括如何让计算机实现智能的原理、制造类似于人脑智能的计算机,使计算机能实现更高层次的应用等。人工智能涉及计算机科学、心理学、哲学和语言学等学科。

1956年夏季,以麦卡赛、明斯基、罗切斯特和申农等为首的一批有远见卓识的年轻科学家聚在一起,共同研究和探讨用机器模拟智能的一系列有关问题,并首次提出了"人工智能"这一术语,它标志着"人工智能"这门新兴学科的正式诞生。从1956年正式提出人工智能学科算起,50多年来,其取得了长足的发展,成为一门应用广泛的交叉和前沿科学。

新一代人工智能呈现出深度学习、跨界融合、人机协同、群智开放、自主操控等新特征,为人类提供认识复杂系统的新思维、改造自然和社会的新技术。新一代人工智能已经成为新一轮科技革命的核心技术,为制造业革命性的产业升级提供了历史性机遇,正在形成推动经济社会发展的巨大引擎。世界各国都把新一代人工智能的发展摆在了最重要的位置。

科学技术是第一生产力,科技创新是经济社会发展的根本动力。第一次工业革命和第二次工业革命分别以蒸汽机和电力的发明和应用为根本动力,极大地提高了生产力,人类社会进入了现代工业社会。

新世纪以来,数字化和网络化使得信息的获取、使用、控制以及共享变得极其快速和普及。进而新一代人工智能突破和应用进一步提升了制造业数字化网络化智能化的水平,其最本质的特征是具备认知和学习的能力,具备生成知识和更好地运用知识的能力。这样就从根本上提高了工业知识产生和利用的效率,极大地解放了人的体力和脑力,使创新的速度大大加快,应用的范围更加泛在,从而推动制造业发展步入新阶段,即数字化网络化智能化制造——新一代智能制造。如果说数字化、网络化制造是新一轮工业革命的开始,那么新一代智能制造的突破和广泛应用将推动形成新工业革命的高潮,将重塑制造业的技术体系、生产模式、产业形态,并将引领真正意义上的"工业4.0",实现新一轮工业革命。

以超级计算、移动互联、物联网、云计算、大数据、人工智能为标志的第四次工业革命指引我们企业变革的方向,参与、发展、引领工业革命,是企业在工业革命中应有的追求和目标。

第四次工业革命至少有三方面的促成因素:

一是,过去两年,世界既有数据量的90%被创造出来,数据的成本却下降了

95%；

二是，个人计算的计算能力逐年增加，BIPS（指计算机每秒能执行多少个十亿次指令的能力）在过去的15年提升了249倍，大数据计算已经实现了大规模商业化应用；

三是，互联网用户比例逐年大幅提升，事实上从"90后"开始已经是互联网的一代，从这一代开始，生产和工作的方式将发生深刻改变。

为什么说现在这种新的工业革命是可能的？

由以下三个因素共同决定：

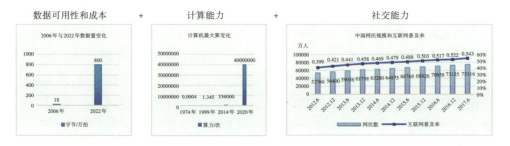

数据可用性和成本　　+　　计算能力　　+　　社交能力

三、"智能"已成为时代发展的主旋律

过去的几年，智能变革风起云涌，席卷全球，深刻改变了人们的生活，改变了世界。第四次工业革命呼之欲出，美、中、日、德为抢占先机，在"先进制造""智能制造""机器人""工业4.0"展开大国竞争，已全面上升为国家战略。智能工厂建设已是时代发展的必然要求。

2007年1月9日，在美国旧金山举行的Mac World（苹果产品发布会）大会上，乔布斯从容地走上台，告诉世界，iPhone来了，一个新时代的大幕开启，从此智能手机席卷全球。2017年全球智能手机出货量达14.62亿部，深刻改变了人们的生活方式。智能手机的风靡也可以说是移动操作系统技术（软件）和手机芯片技术（硬件）发展的必然产物。

2004年，支付宝首次上线。2007年智能手机发明之后，移动支付渐成主流。《中国支付清算行业运行报告（2018）》显示，国内商业银行共处理移动支付业务375亿多笔、金额202万亿多元，同比分别增长46.06%和28.8%。非银行支付机构共处理移动支付业务超过2390亿笔、金额超过105万亿元，同比分别增长146.53%和106.06%。中国成为移动支付覆盖最广的国家。支付宝母公司蚂蚁金服估值已经到1500亿美金,位列全球十大银行之一。

2011年1月21日,张小龙所带领的腾讯广州研发中心产品团队打造推出一个为智能终端提供即时通信服务的免费应用程序,微信(WeChat)从此诞生。2017年微信全球活跃用户接近10亿,玩微信成为人们的一种生活方式,然而背后得益于智能手机和通信技术(4G技术)的助力。

2012年,Alex Krizhevsky等提出了一种基于GPU训练的深度卷积神经网络(Deep CNN)AlexNet在具有1000种物体类别ImageNet分类竞赛(ILSVRC-2012)上取得了突破性高分,误差率为15.4%,当时的次优项误差率为26.2%。这个表现震惊了整个计算机视觉界。在"人工智能"概念首次提出的56年之后,终于出现重大进展。由此揭开了计算机在视觉、语音识别和自然语言处理上的大规模研究和应用的序幕。作为人工智能子领域的机器学习已经开始革新若干个领域,而诞生自机器学习的深度学习实现了迄今为止最大的原创性突破,几乎每个应用都在该领域取得了显著成功。

历年ImageNet分类竞赛简表

模型	AlexNet	ZFNet	GoogLeNet	ResNet
时间(年)	2012	2013	2014	2015
层数(层)	8	8	22	152
Top5错误率	15.4%	11.2%	6.7%	3.57%
数据增强	√	√	√	√
Dropout	√	√		
批量归一化				√

2015年,Russakovsky(普林斯顿大学助理教授)的ResNet(残差网络)模型在物体识别正确率上正式超越人类。2017年7月10日,马云无人超市开业,人工智能在物体识别方面,进入商业应用的历史阶段,这将深刻改变既有商业模式;人脸识别系统发展迅速,识别正确率远超人类,其开始大规模商业化应用。2017年5月20日起,辽宁省沈阳市公安局公交(地铁)分局在沈阳地铁沈阳站等3个主要站区安装并启用了旷视智能人脸识别系统,一旦某人与警方数据库中的照片相匹配,系统会自动发出警报。而在试运行的短短11天内,就连续抓获3名网上逃犯。

2016年3月15日,李世石与AlphaGo(阿尔法围棋)的这场人机世纪巅峰对决,以李世石完败告终,激起了一场关于人工智能的全民大讨论,"机器人会不会抢了人类的饭碗""人工智能是否将毁灭世界"等说法不断涌现。

2016年10月16日,特斯拉发布最新"完全自动驾驶"技术,特斯拉宣布:从即日起,特斯拉生产的所有特斯拉汽车都将配备可实现完全自动驾驶功能的硬件,并且安全级别将远远高于人类自己驾驶。搭载这一硬件的"Model S"和"Model X"车型已经开始生产,而"Model 3"车型已于2017年7月28日首次交付使用。人类使用无人驾驶指日可待。

2016年12月14日,英国亚马逊正式开始无人机送货的测试服务(Prime Air),正式开启了无人机送货时代。

2017年6月19日—6月18日,京东无人配送车在中国人民大学顺利完成了首单配送任务,这也意味着无人配送机器人正式投入运营。

2017年,中国工业机器人销量达到14.1万部,同比增长58%,约占全球机器人销量的三分之一,连续5年位居全球首位。

2017年7月8日,国务院发布《新一代人工智能发展规划》。

2018年3月5日,十三届全国人大一次会议上"人工智能"再度被列入政府工作报告正文,而这一次,报告则进一步强调了"产业级的人工智能应用"。

2018年11月7日的第五届世界互联网大会上,新华社联合搜狗发布的全球首个"AI合成主播"再一次让新闻界为之震动。在第五届世界互联网大会的现场,"AI合成主播"顺利完成了100秒的新闻播报,屏幕上的样貌、回荡在现场的声音和一气呵成的手势动作,都与真人主播毫无二致。

2020年初,世界正经历着众多的不平凡,神州大地,疫情肆虐。在这没有硝烟的战场上,就AI安防的身影,我们看到了红外热成像无接触快速测温、无人机远距离灭菌杀毒、AI大数据系统秒级检索病患社会关系构成等技术,这些为成功抗疫提供了更为实在、高效的帮助。

2021年元宇宙概念大火,各国争相发展元宇宙前沿产业,元宇宙成为大国竞争的战略高地,"元宇宙元年"大事件频现。在一众互联网圈或是创投圈里,开口不谈元宇宙,"冲浪"百年也枉然。

2022年11月30日,美国人工智能研究实验室OpenAI(开放人工智能)新推出的一种人工智能技术驱动的自然语言处理工具ChatGPT,迅速在社交媒体上走红,短短5天,注册用户数就超过100万。2023年1月末,ChatGPT的月活用户已突破1亿,成为史上增长最快的消费者应用,这款新一代对话式人工智能成功从科技界破圈,成为街头巷尾的谈资,其语言能力甚至超过常人,有人预测,ChatG-PT可能会是第一个通过图灵测试的人工智能。

我们深处于智能变革的重大时代关口,智能化发展一日千里,将深刻改变人类社会生活,改变人类生产方式,改变整个世界。从互联网到智能手机,从网上购物到微信朋友圈,从网上银行到移动支付,从打车软件到共享单车,从完全自动驾驶到无人机送货,从无人商店到无人配送,从人脸识别到阿尔法狗,从元宇宙到ChatGPT,短短数年时间,智能发展日新月异,智能化时代即将全面到来。

我们正处于深刻变革的智能时代,智能化是大势所趋,是不可逆转的时代潮流,是时代赋予我们宝贵的发展机遇。

第二章

建设智能工厂的思路

（四）智能制造——中国制造2025

在2015年工业和信息化部公布的"2015年智能制造试点示范专项行动"中，智能制造定义为基于新一代信息技术，贯穿设计、生产、管理、服务等制造活动各个环节，具有信息深度自感知、智慧优化自决策、精准控制自执行等功能的先进制造过程、系统与模式的总称。具有以智能工厂为载体、以关键制造环节智能化为核心、以端到端数据流为基础、以网络互联为支撑等特征，可有效缩短产品研制周期、降低运营成本、提高生产效率、提升产品质量、降低资源能源消耗。

（五）智能制造——中国工程院

广义而论，智能制造是一个大概念，是先进信息技术与先进制造技术的深度融合，贯穿于产品设计、制造、服务等全生命周期的各个环节及相应系统的优化集成，旨在不断提升企业的产品质量、效益、服务水平，减少资源消耗，推动制造业创新、协调、绿色、开放、共享发展。

数十年来，智能制造在实践演化中形成了许多不同的范式，包括精益生产、柔性制造、并行工程、敏捷制造、数字化制造、计算机集成制造、网络化制造、云制造、智能化制造等，在指导制造业技术升级中发挥了积极作用。但同时，众多范式不利于形成统一的智能制造技术路线，给企业在推进智能升级的实践中造成了许多困扰。面对智能制造不断涌现的新技术、新理念、新模式，迫切需要归纳总结出基本范式。

智能制造的发展伴随着信息化的进步。全球信息化发展可分为三个阶段：从20世纪中叶到90年代中期，信息化表现为以计算、通信和控制应用为主要特征的数字化阶段；从20世纪90年代中期开始，互联网大规模普及应用，信息化进入了以万物互联为主要特征的网络化阶段；当前，在大数据、云计算、移动互联网、工业互联网集群突破、融合应用的基础上，人工智能实现战略性突破，信息化进入了以新一代人工智能技术为主要特征的智能化阶段。

综合智能制造相关范式，结合信息化与制造业在不同阶段的融合特征，可以总结、归纳和提升出三个智能制造的基本范式，也就是：数字化制造、数字化网络化制造、数字化网络化智能化制造——新一代智能制造。

数字化制造是智能制造的第一种基本范式，也可称为"第一代智能制造"。数字化制造的主要特征表现为：第一，数字技术在产品中得到普遍应用，形成"数字一代"创新产品；第二，广泛应用数字化设计、建模仿真、数字化装备、信息化管理;第三,实现生产过程的集成优化。

数字化网络化制造是智能制造的第二种基本范式,也可称为"互联网+制造"或"第二代智能制造"。数字化网络化制造主要特征表现为:第一,在产品方面,数字技术、网络技术得到普遍应用,产品实现网络连接,设计、研发实现协同与共享;第二,在制造方面,实现横向集成、纵向集成和端到端集成,打通整个制造系统的数据流、信息流;第三,在服务方面,企业与用户通过网络平台实现联接和交互,企业生产开始从以产品为中心向以用户为中心转型。

德国"工业4.0"报告和美国GE公司"工业互联网"报告完整地阐述了数字化网络化制造范式,精辟地提出了实现数字化网络化制造的技术路线。

数字化网络化智能化制造是智能制造的第三种基本范式,也可称为"新一代智能制造"。

近年来,在经济社会发展的强烈需求以及互联网的普及、云计算和大数据的涌现、物联网的发展等信息环境急速变化的共同驱动下,大数据智能、人机混合增强智能、群体智能、跨媒体智能等新一代人工智能技术加速发展,实现了战略性突破。新一代人工智能技术与先进制造技术深度融合,形成新一代智能制造——数字化网络化智能化制造。新一代智能制造将重塑设计、制造、服务等产品全生命周期的各环节及其集成,催生新技术、新产品、新业态、新模式,深刻影响和改变人类的生产结构、生产方式乃至生活方式和思维模式,实现社会生产力的整体跃升。新一代智能制造将解决复杂系统的精确建模、实时优化决策等关键问题,形成自学习、自感知、自适应、自控制的智能生产线、智能车间和智能工厂,实现产品制造的高质、柔性、高效、安全与绿色。新一代智能制造将给制造业带来革命性的变化,将成为制造业未来发展的核心驱动力。

二、认识智能工厂

(一)对原有架构的优化和升级

工厂信息化架构从传统的竖井式架构向平台式架构转变,消除系统间壁垒,提升应用间数据共享能力。让数据利用更有效率、更透明、更有价值。

(二)信息技术和运营技术(IT/OT)融合的典型应用场景

智能工厂应用搭建应充分体现信息技术和运营技术的整合,应用以业务需求出发,以IT技术引领业务需求变革。即以信息技术为手段,有效提升业务的效率、透明度、科学化以及信息巨大价值带来的变革。

（三）具备感知、协同、优化和预测四大主要能力

智能工厂应通过信息化技术实现对工厂信息的全面掌控，以感知为基础，进而实现协同、优化，最终实现预测的能力。

（四）实现企业的卓越运营

智能工厂的最终目标是全面提升企业管理能力，实现卓越运营的目标。

1. 从被动运营到主动运营

企业在工厂运营中的角色更加主动，对工厂的掌控更加实时，可洞察企业运营中的关键因素，并通过预测和决策为企业带来效益。

2. 从事件响应到事件预防

企业通过在工厂中安置的传感器以及对工厂数据的建模和分析来进行运营预测和事故预防。

3. 从合规驱动到绩效驱动

企业逐渐倾向于降低工厂事故率，形成以绩效为驱动的价值体系。

4. 从投资于设备和设施到投资于知识

企业逐步意识到知识积累和固定资产同样重要，通过知识管理等方式形成企业知识资产。

5. 从局部判断到整体掌控

随着对企业信息的掌控程度不断增强，企业管理者的决策逐渐全局化，每一个决定都在全局环境约束下进行。

第二节 对智能工厂的理解

经过深入研究发现，目前国内对智能工厂的理解主要针对离散型制造行业，化工属于流程型制造行业，与汽车制造为代表的离散型制造行业非常不同。离散型制造企业还在为如何实现自动化、如何采集数据而发愁。而流程型制造业，特别是化工行业，早已实现了生产自动化控制、数据自动化采集，装置用工人数显著减少，已从繁重的体力活动中解放出来，操作工的主要任务是进行巡检。因此，流程行业的智能化要根据其行业特点进行，不可以照抄照搬。

　　笔者设想的智能工厂建设是对智能工厂的一种实践,是从概念到具体的一个过程。化工流程行业的智能工厂还是新生事物,仍处于探讨示范阶段,没有成熟模式可以借鉴。基于行业现状和未来预期,经过认真研究,作者对智能工厂建设的理解为:

　　在战略上要满足企业转型升级高质量发展的要求,要以全局思维来进行设计,要是一个整体、一个规划,要"一张蓝图绘到底"。

　　在行动上充分调研企业信息化的现状,以两化融合的实践成果为基础,以生产经营的问题为导向,充分吸收同行业智能工厂示范的先进经验,充分应用第四次工业革命的新技术。

　　在思路上划分为三个层次:一是对数据流的分析、掌控和利用;二是对管理流程和手段的优化和提升;三是对经营理念的改造和革新。三个层次层层递进,互为依托,构成一个有机整体。

　　在任务上要打造电信集成平台(HSE,全称 Health, Safety and Environment)、数字资产平台(DAP,全称 Digital Asset Platform)、生产管理平台(MES,全称 Manufacturing Execution System)、企业资源计划平台(ERP,全称 Enterprise Resource Planning)四大基础平台+大数据平台+门户平台的"4+1+1"的智能工厂建设任务。

　　在目标上实现"全维度数字化、全过程可视化、全信息集成化、管理科学化、决策智能化"的"五化一体"智能工厂建设目标。

　　在能力上具备七个方面的显著提升:数据获取能力、生产管控能力、风险掌控能力、分析能力、协同能力、优化能力、预知能力。在工厂全生命周期和全运营维度上掌握和提升卓越运营的核心能力。

　　在效果上突出八个维度的显著变化:生产效率更高、能源消耗更少、产品品质更好、单位成本更低、市场响应更快、环境影响更小、安全保护更优、风险控制更佳,实现高质量发展的转型升级战略目标。

　　简单表述为:以"一个整体"为设计规划,以"两化融合"为建设基础,围绕"三重体系"建设思路,应用第四次工业革命核心技术,融合智能制造先进成果,聚焦"五化"目标任务,打造六大智能平台,掌控七大运营能力,突出八大提升效果,实现企业高质量发展的转型升级战略目标。

第三节　智能工厂建设概览

一、智能工厂建设的调研工作

近年来,笔者实地考察了克莱恩、西门子、九江石化、鲁西化工、中海壳牌、四川元坝、上海赛科、神化宁煤、中煤蒙大等十多家企业,获得了许多宝贵的经验;参加了工业和信息化部组织的2016年智慧园区现场交流会、2017年第一届世界智能大会、2017年中国两化融合大会,以及各种相关的展示会、研讨会、发表会,获得了广泛的智能工厂建设信息和经验。组织工艺、微机、仪表、设备、企业管理等专业联合团队,广泛接触行业内的集成商、供应商,如浙大中控、石化盈科、太极、紫光、霍尼韦尔、横河、中科辅龙、IBM、SAP、浪潮、华为、西门子、鹰图、剑维等几十家企业,获得多种解决方案。同时认真研究《中国制造2025》《智能制造发展规划(2016—2020年)》等相关文件,调研分析化工行业信息化的现状,与天辰院、寰球院、洛阳院等设计院反复研讨,形成了初步的智能工厂建设构想。

二、企业的信息化实践

化工企业在"两化"融合方面进行了多年的实践和探索,投入了大量的人力物力,在多个实施层面:数据采集、过程控制、生产执行和企业资源等方面都实现了信息化,均取得了良好的效果,这为下一步智能化工厂的实施打下了坚实的基础。但囿于工厂已经建成的现状,目前在数据基础层面还存在薄弱环节和不足之处,特别是数字化转型方面比较欠缺,需要在新建项目时加以完善改进;另外信息孤岛问题还比较严重,在信息集成、整合方面做得还远远不够,没有充分发挥信息集成带来的价值;在应用实践方面,仅仅具备基本的功能,高级功能、智能功能还有待开发完善。这些将是智能工厂建设需要改善和解决的问题。

三、智能工厂建设的原则

(一) 总体规划、分步实施

智能工厂的建设拟采用"总体规划、分步实施"的原则,按照"规划、建设、运营、提升"四个阶段推进实施,合理利用投资和资源,充分预留升级接口,既要充分满足当前需求,又应具有开发升级的基础和条件,始终保持与时俱进的发展理念。

(二) 围绕目标、夯实基础

围绕"智能工厂"建设的最终目标,以工程设计数字化交付为起点,建设 HSE 平台、数字资产平台、生产管理平台、企业资源计划管理平台四大基础平台,统一工程编码与物资编码规则,夯实智能工厂建设基础。

(三) 两化融合、注重实效

将传统石化企业已具备的信息化水平(占总量的70%)与智能工厂新增需求(占总量的30%)有机融合,以解决问题为着力点和落脚点,避免重复建设;要节省投资,力求经济实用、科学高效,不做花架子,不花冤枉钱。

(四) 统一标准、灵活扩展

基于统一的集成标准和接口规范,坚持行业先进水平的软硬件标准,采用面向服务的主流架构进行总体规划,这样便于各个系统和后续项目的灵活扩展。

(五) 持续改进、行业领先

智能工厂建设必须具备行业领先水平,发挥行业骨干企业标杆作用,将其努力建设成为流程制造业智能工厂的标准示范。同时注重自身信息化专业技术人员的培养,使企业具备持续改进、优化提升的能力,引领行业智能化技术的进步。

第四节　智能工厂建设的总体思路一——数字化转型

一、数据流建设思路

各类数据在企业生产经营中起着至关重要的作用,数据是企业安全生产、经营运行、改造提升、战略决策等几乎所有的企业经营活动所依赖的、不可或缺的信息。数据就犹如企业经营者的眼睛一样,通过数据可以反映出经营的问题,经营者需要数据,就如同舵手依赖导航一样。

数据产生于企业经营活动的各个环节,但是很少被利用。数据利用最大障碍是数据没有被数字化。数据必须是数字化的,才能被充分利用,并发挥最大的价值,因此"数字工厂"的概念就诞生了。智能工厂必须是数字工厂,这是智能工厂的数据基础和数据标准,没有数字化的数据,是不可能建成智能工厂的。建设数字工厂是建设智能工厂的第一步,这是智能工厂的基石。

建设数字工厂,首先要解决数据从哪来的问题。必须从全局、从整体出发,系统地分析企业数据的产生和流向,有针对性地对数据流加以分析、归集、储存,建成完整、全息、分类整理的数据仓库,这是数字工厂建设的首要任务。

有了数字工厂,还要解决数据如何利用的问题。充分、高效的数据利用将开启不同以往的管理模式。再辅以大数据、云计算等手段,可以更加深入地挖掘数据的价值,大幅改善企业的管理、运营方式。作者认为,智能工厂,首先是数字工厂数据价值最大化的必然结果。

总之,对数据流充分地分析、掌控和利用,是建设数字工厂的必由之路。深刻理解数据的价值和意义,充分地挖掘和利用这些数据,智能工厂建设才会如鱼得水、有的放矢。

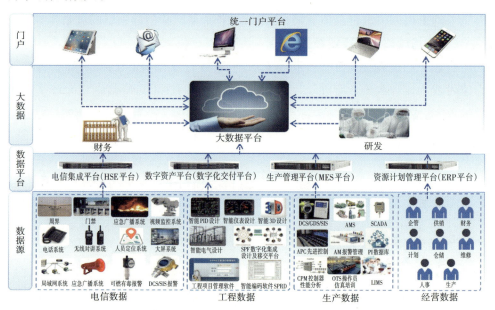

数据流的建设思路图(数字化转型图)

深入分析数据流的功能和走向,按数据的不同类型和功能,将数据收集整理,归集到不同功能数据平台。数据分类的好处是既便于同类数据之间的集成和应用,又便于开展专项实施,降低实施难度。数据平台不仅要接收数据,还要完成既定的各项功能。数据平台皆为成熟平台,有利于保证实施的质量。

根据数据的类型和特点,数据的流向分为四个层次:

第一层为数据源层,根据不同的数据类型特点分成四大类数据:电信数据、工程数据、生产数据、经营数据。

第二层为主数据管理平台,收集不同类型的数据,实现不同的功能。

平台一,电信集成平台,又称HSE平台,重点集成电信数据,并深入挖掘电信数据的价值,实现安全、安防、消防、环保的管理监测、应急响应等HSE管理功能,这是数字化转型重点打造的行业领先的亮点功能,可大幅提升HSE管理水平。

平台二,数字资产平台(DAP),又称数字化交付平台,数字化的设计、采购、施工数据在既定的规则下交付到集成平台,形成全息的虚拟数字工厂;这是世界领先的虚拟数字工厂模式。

平台三,生产管理平台(MES),重点集成生产运行数据,重心在于生产管理、能源管理等功能,生产管控的智能化,在此平台实现。

平台四,企业资源计划平台(ERP),是负责处理企业产供销存等的企业经营活动产生的数据。

四大平台既相互独立,又彼此联系,处理不同类型的数据,实现不同目的。其功能清晰,定位准确,是智能工厂具体实践中摸索的创新模式。

第三层为大数据平台,归集、整理并利用四大平台的数据,实现分析、预测等高级功能。

第四层为门户平台,为企业的门户网站,也是各个平台和功能的统一入口。

数字资产平台与HSE平台、生产管理平台、企业资源计划平台共同组成最重要的四大数字化基础平台,整合从工程建设、生产维护到经营运行全维度的数字化信息,为最终实现"卓越运营"的智能工厂打下坚实数据基础。

上述"4+1+1"平台,即为"数字工厂"的基本构架,结构清晰,功能完善,便于掌控,是独具特色的数字化转型解决方案。

二、业务流／功能流的建设思路

智能工厂建设的终极目标是实现企业的卓越运营,智能化只是手段,不是目标。如果不谈管理的提升,只为了智能化而智能化,就失去了建设智能工厂的本意。

智能工厂建设是全企业范围内的系统工程,涵盖了所有部门、所有人员,所有环节。管理流程、管理手段几乎全部要进行梳理和提升,是一个从量变到质变的过程,需要改变人的固有工作模式和观念,难度极大。笔者提醒要对此有清醒

的认识,无论难度多大,必须完成流程再造,否则,智能工厂很可能就成为信息管理部门唱的独角戏。

因此,智能工厂建设必须进行流程优化,必须将流程与智能工厂的各项功能深度融合。

对现有工作流程的梳理、完善和改进的过程,称为流程的优化。流程即一系列共同给客户创造价值的相互关联活动的过程,在传统以职能为中心的管理模式下,流程隐蔽在臃肿的组织结构背后,流程运作复杂、效率低下、顾客抱怨等问题层出不穷。整个组织形成了所谓的"木桶效应"。智能工厂建设,就是要解决企业面对新的环境及在传统以职能为中心的管理模式下产生的问题。这就必须对业务流程进行重整,从本质上反思业务流程,彻底重新设计业务流程,以便在当今衡量绩效的关键指标(如质量、成本、速度、服务)上取得突破性的改变。

总之,通过智能工厂建设实现企业卓越运营目标,管理流程及手段的优化和提升是必经路径,是建设智能工厂的关键一环,也是最重要的一环。

业务流/功能流的建设思路图

根据企业各个业务单元现实需求,实现各种业务功能。

根据不同的业务的功能,将业务流分为五个层次:

第一层为数据源层,实现必要的、基础的功能。

数据源层包含以下系统:

电信系统：包括周界系统、门禁系统、视频监控系统、火灾自动报警系统、广播系统、电话系统、计算机局域网系统、无线对讲系统、扩音对讲系统、大屏系统、人员定位系统等电信系统，也包括可燃气体及有毒气体检测数据、DCS/SIS报警等安全相关数据，环境监测等环保数据。

生产管理系统：包括DCS（Distributed Control System，分散控制系统）、SIS（Safety Instrumented System，安全仪表系统）、GDS（Gas Detection System，可燃气体及有毒气体检测系统）、SCADA（Supervisory Control And Data Acquisition，数据采集与监视控制系统）、AMS（Asset Management Solutions，智能仪表设备管理系统）、APC（Advanced Process Control，先进控制系统）、CPM（Control Performance Management，控制器性能管理系统）、AM（Alarm Management，报警管理系统）、OTS（Operator Training System，操作员仿真培训系统）、LIMS（Laboratory Information Management System，实验室信息管理系统）、PI（Plant Information，实时数据库系统）等。

工程建设管理系统：SPE系列智能设计软件有SPPID、SPI、SPEL、S3D和SPRD，工程项目管理软件PU、P6等。

第二层为运行管理层，实现HSE管理、生产管理、数字资产管理等功能。

HSE平台是智能工厂六大智能平台（"4+1+1"平台）之一，通过集成电信数据，挖掘数据价值，构建安全管理集成平台和预警指挥集成平台功能。平台集成的电信系统包括火灾自动报警系统、视频监控系统、周界系统、门禁系统、电话系统、无线对讲系统、扩音对讲系统、广播系统、大屏系统、人员定位系统共10项电信子系统，同时还可集成生产管理平台的重要数据，包括重要生产报警数据、可燃报警数据、有毒报警数据、环保监测数据、海洋环境监测数据、气象信息数据等。该平台可以实现全厂无死角、无遗漏、无延时的安全管理与监控预警，在出现事故时还能根据应急预案实现应急指挥功能。可实现的具体功能包括：摄像头快速部署与调整、控制第三方设备、电子地图应用、设备监控、报警监控、报警显示、报警信息关联、互动地图、报警集中管理、报警的处置、人员追踪和路线统计、预案流程自配置、事件报告生成、安全培训功能、危险源监控、运维过程监视、移动应用、平台健康性管理、安全管理审计等。平台高级功能包括：事件跟踪、应急物资管理、生产数据分析、过程报警分析、调度指令管理、应急资源管理、数据过滤处理、预案标准化管理、指挥管理可视化、应急指挥功能、报警信息发送、预案匹配执行、预案记录和总结、应急演练等。

生产管理平台是以生产过程中的物流管理为主线，以生产过程实时数据库与实验室信息管理系统为基础，通过获取和分析实时过程数据，实现以效益最大化为目标的生产计划优化和生产调度、生产操作与状态的跟踪及报警、生产信息统计与分析（收率、物料平衡、能耗、计量等）、实验室信息管理、能源管理、绩效管理为一体的生产管理系统。系统可实现生产过程管理信息的可视化，从而提高生产管理的精细化水平，并优化资源利用，降低工厂物耗能耗，达到节能减排的效果；系统可实现从进厂、加工到出厂的全过程管理，保证生产装置的"安、稳、长、满、优"运转与优化操作，从而达到效益最大化并与社会和谐发展的目标。

数字资产平台是工厂唯一、真实、完整的数据资产仓库和工程建设数据存储及应用平台，数字资产平台对智能工厂建设具有承上启下的重要作用：对前可承接项目建设期的工程项目数据成果；对后支撑工厂运营维护期的业务应用需求；对下具备对现有和未来发展的基础设施的兼容性；对上支撑企业级数据挖掘、分析和辅助决策。是极为重要的数字化平台。

第三层为经营管理层，即企业资源计划平台（ERP），企业价值链管理层。

ERP是针对物资资源管理（物流）、人力资源管理（人流）、财务资源管理（财流）、信息资源管理（信息流）集成一体化的企业管理软件，其核心思想是供应链管理。它跳出了传统企业边界，从供应链范围去优化企业的资源，从而优化了现代企业的运行模式，反映了市场对企业合理调配资源的要求。它对于改善企业业务流程、提高企业核心竞争力具有显著作用。

ERP主要功能模块包括供应商管理、客户关系管理、采购管理、销售管理、仓存管理、生产计划、生产任务管理、质量管理、人力资源管理、财务总账、存货核算、应收应付、成本管理、资产管理等。近几年，ERP软件在不断地扩大自己的边界，出现了设备管理、项目管理等业务领域的相关模块。

第四层为战略管理层，依据工业大数据技术的应用，其核心目标是全方位采集各个环节的数据，并将这些数据汇聚起来进行深度分析，利用数据分析结果反过来指导各个环节的控制与管理决策。通过效果监测的反馈闭环，实现决策控制持续优化，并实现各个维度的分析、预测等功能。

第五层为门户入口，实现统一门户、统一账号、协同办公等功能。

三、经营理念的改造与革新

智能工厂不仅是技术概念,更是一种经营理念,企业从不透明到透明、从被动到主动、从低效到高效、从及格到优秀,是完全不同以往的经营理念,是一种变革,是企业从平庸走向卓越的最佳实践。

企业的变革涉及战略变革、运营变革、研发变革、文化变革,但无论何种变革,思想观念的变革是必须的。智能工厂建设最为困难的环节就是思想观念的变革,参与其中的人都囿于现实利益、部门利益,难以真愿意推动变革,智能工厂建设必须由上而下推动,如果由下而上推动建设,将会困难重重,很难实现既定目标。

智能工厂建设最重要的是高管层面要在思想上接受智能工厂这种经营理念,并有强烈的愿望按照既定的优选计划与实施步骤强力推进,同时对预期可能出现的阻力与障碍有清醒认识,智能工厂建设才可能成功。

总之,智能工厂建设的关键是经营理念的改造与革新,这是智慧工厂建设能够不断取得成功的最重要因素。

四、管理流程与组织结构的梳理与整合

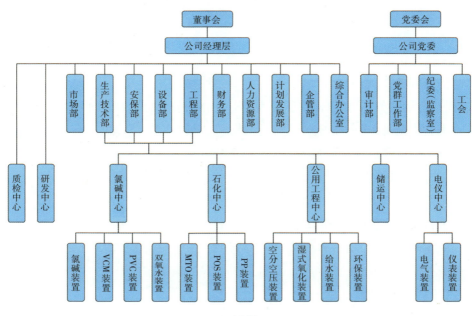

组织结构图

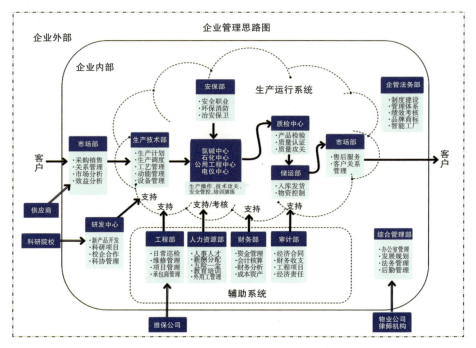

企业管理思路

梳理组织结构的思路如下：

（一）营销管理

坚持以市场为导向，创新营销模式，提升营销能力，增加高附加值、加大高端产品的市场开发，指导新产品研发的方向；坚持以客户为中心，创新售后服务模式，提升售后服务能力，以优质服务为企业核心竞争力的努力方向。

成立市场部，负责全公司原料助剂采购、产品销售，负责供应商与客户关系管理，负责经营效益分析、经济情报与市场分析。

（二）科研开发

研发部门与其他部门差异较大，独立的研发机构有利于研发项目管理和人才激励，有利于更好开展研发工作。

成立研发中心，负责科研项目、产品开发、产学研合作、知识产权管理、科协管理等。

（三）质量管理

成立质检中心，负责质量检验/验证、中控分析、产品质量认证、产品标识管理;增加质量控制和质量攻关职能,提高专业管理能力。

（四）生产管理

被动的改变不一定带来管理提升,实事求是、充分调研、主动改革才能获得更好的效果。生产系统以强化执行力、强化专业管理两条主线进行改革。执行力方面,强化生产管理的统一与权威;专业管理上,强化安全、环保、消防、工艺、设备、质量专业垂直管理,统一标准,深入一线,直面问题,保证专业管理高水平。

1. 成立生产技术部

扩大生产管理职能,全部负责生产管理各方面内容,以生产运行为中心设置职能,特别是将与生产最密切相关的技术管理和设备管理职能并入生产技术部。生产装置为企业财富创造者,要以生产为核心,配置各类资源,保障生产稳定、提高生产效率、保证产品质量、提升技术水平,全面保障生产系统竞争力水平。

（1）生产方面:以效益为中心制订生产计划并组织生产;负责制订检修计划并组织实施;负责生产事故调查和处理;负责能源管理、防汛管理。

（2）技术方面:负责工艺管理、设计管理、技改技措管理。定期组织技术攻关,保障实现技术先进性。

2. 以中心制设置生产部门

努力精简机构,提高专业化管理程度,有效提升生产系统的执行力、战斗力,确保"安、稳、长、满、优"的生产运行。

按照职能和生产单元成立运行中心1、运行中心2、公用工程中心、电仪中心、储运中心共5个中心。各相关装置并入各自中心,打破各自为战,由中心统一管理,统一协调。各装置人员专心负责生产操作、技术攻关和安全管控,取消劳资、成本、计划、统计、材料、环保六大员,由专业处室直管,以确保专业管理深入一线,标准统一。

（五）仓储管理

坚持独立、统一、专业的原则,以智能化、信息化为手段,控制仓储环节的成本,强化仓储的服务职能,发挥仓储管理在成本管理中的作用,实现仓储管理现代化转型。储运中心负责原料、产品、材料、备件等物资的出入库管理,负责罐区、化学品库运行管理,负责物资采购申请并逐步定制最低库存,实现扫码出入库、库存实时查询、最低库存报警、线上领用、统一配送等功能。

（六）专业管理

与生产密切相关的专业管理设置在生产系统内，其他专业管理建议单独设置。

1.成立设备部

负责设备专业管理，比如设备日常维护管理，中小修、大修计划管理，备件、材料申报管理，动设备管理，静设备管理，特种设备管理。

2.成立安保部

安全、环保、消防、治安、职业卫生方面：负责公司安全管理、环保管理，公司交通管理，治安保卫工作，剧毒及放射品管理，公司职业卫生管理，安全平台运行操作，消防气防站运行。

3.成立工程部

负责新建项目、技改项目、大修项目管理，公司机电仪维修管理，对各维修、维保承包商进行管理。

（七）职能管理

1.成立财务部

负责预算管理、资金管理、会计核算、财务分析、成本分析、票证管理、资产管理、债权债务管理。建议分厂成本员并入财务部，由财务部统一管理。根据智能工厂建设规划，逐步增加电子数据采集比例，由财务处直接核算成本，逐步实现成本自动核算。

2.成立审计部

负责工程项目审计、预结算审计、经济合同审计、财务收支审计、经济责任审计。

3.成立人力资源部

负责人事人才、教育培训、薪酬分配、人事档案、五险一金、再就业、离退休、外用工等管理，做好人力资源配置与考核。

4.成立监察室

负责企业监察、监督职能。

5.成立计划发展部

负责计划统计、行业研究、企业战略规划、投资分析及项目管理，以及合资合作管理等。

（八）通用管理

1.成立企管部

负责制度体系建设、部门分工与绩效考核、商标及品牌管理、视觉设计管理等；负责公司智能工厂建设，负责信息化总体规划，负责 HSE 平台、生产管理平台、数字资产平台、企业资源计划平台、大数据平台和门户平台等信息化系统建设及运维，负责公司网络信息安全管理。建议进一步加强企业管理，落实依法治企，强化流程管控，推进智能制造，不断提高公司管理水平。

2.成立综合办公室

办公室管理方面：负责秘书文书、外事管理、信访接待、档案管理、公务车辆管理、办公用品管理。董事会办公室和总经理办公室职能合并。后勤方面：负责公司餐饮管理、绿化管理、物业管理（含保洁、垃圾清运等）、厂容厂貌管理等。法律方面：负责法律、法务事宜。

（九）党群管理

成立党群工作部：根据加强国有企业党的建设文件要求，考虑成立党群工作部，包括党委办公室、组织部、统战部、团委、宣传部。纪委（监察室）单独设立。

（十）工会

根据相关法规要求，成立工会。

五、智能工厂建设的目标

一个整体——不是局部的、分散的、零星的智能化，而是整体的、全面的智能工厂建设目标，涉及设计、施工、生产、运营、改造的工厂全生命周期的纵向环节，以及安全、环保、能源、设备、财务、人事、营销、研发等所有横向的管理环节，是一体化工程。

两化融合——智能工厂将在完成两化融合的基础上建设完成，在既有成功应用的基础上继续提升。

三大任务——完成数据流梳理与建设，完成业务流/功能流的分析与建设、完成管理流程与组织结构的梳理与整合三大任务。

五化目标——实现"全维度数字化、全过程可视化、全信息集成化、管理科学化、决策智能化"的"五化一体"智能工厂建设目标。

六大平台——目前形成 HSE 平台、数字资产平台、生产管理平台，企业资源计划平台四大基础平台+大数据平台+门户平台的"4+1+1"的智能工厂建设方案。特别是HSE平台和数字资产平台的设计独具特色。将所有安全、环保、职业卫生、保卫的数据收集到HSE平台进行集中自动监控，根据报警等级自动执行应急预案，管控水平实现质的飞跃。数字资产平台实现设计、采购、施工、技改三维全息数据的集成，真正意义上实现了全息虚拟数字工厂的效果。

十大效果——智能工厂建设完成后，可取得以下十大效果：

（一）安全管控水平显著提升。建成HSE平台，对两重点一重大（重点监管的危险工艺、重点监管的危险化学品和重大危险源）、消防系统、火灾报警系统、监控系统的管控水平显著提升，应急能力实现质的飞跃。

（二）环境保护能力巨大进步。环境监测、排放预警、应急处置水平巨大提升。

（三）财务管理显著提升。预算管理、成本核算、资产、债务管理方式转变，管控水平显著提升、财务风险降低。

（四）人事管理方式巨大转变。考勤、工资、档案、账号全信息化管理，人事管理方式发生巨大转变。

（五）生产管理显著提升。生产全自动化、报警分级管理，高可靠性运行，实现黑灯工厂标准；生产成本透明，调度指挥及时，应急处理高效，生产管理水平显著提升。

（六）设备运行质量明显提升。备件数字化管理、设备运行监控、维修质量分析、预知检修报告、特种设备管理，设备管理水平大幅提升，运行质量明显提升。

（七）能源管理显著提升。能源运行数据实时监控、实时数据分析，管控能力大幅提升。

（八）流程管理显著提升。流程信息化，减少流程中的人为干扰因素，流程管理水平显著提升。

（九）效率显著提升。人员更少、库存更低、能源更省、信息更透明、决策更高效，效率显著提升。

（十）风险显著下降。财务风险、廉政风险、安全风险、环境风险全面下降，风险控制能力显著提升。

第五节　智能工厂建设的总体思路二——智能制造

一、数字化转型智能工厂实践总结

天津渤化集团在"两化"搬迁项目建设上,瞄准"智能制造2025",倾力打造行业领先、独具特色的"渤化智能制造"。"渤化智能制造"经过数年的调研和准备,吸取行业内多项先进成果经验,充分利用第四次工业革命核心技术,突破传统企业在数据、流程和经营理念上的桎梏,确定"全维度数字化、全过程透明化、全信息集成化、管理科学化、决策智能化"的"五化"目标。投入2亿元,倾力打造六大智能平台,37项智能子项,优化智能制造的所有环节,使其提升了1~2个数量级的数据信息利用效率,可降低5%~8%的运营成本,建设具有行业领先示范的"数字工厂"。

HSE平台是目前国内集成度最高、功能最全的平台,集安全管理、安防管理、消防管理、环保管理、应急处置为一体,集成设备超过30000台,具体如下:

探测类(10000台):有毒监测、可燃监测、氧气监测、SIS报警、火灾报警;

安防类(5000台):视频监控系统、门禁系统;

环保类(1000台):废水、废气、废渣;

危化品类(5000台):温度、压力、液位、存量、流量

消防类(8000台):手报、消防水压力、消防水液位、灭火器、消防栓、消防炮、泡沫栓;

救援类(1000台):广播、物资库、物资箱、洗眼器;

其他数据(1000台):危险区域、集散地、障碍点。

操作界面为带经纬度的园区地图,实现显示、报警、联动、推送、定位、应急六大类96项功能,较传统方式相比,提升了1~2个数量级的信息集成和处理效率,缩短了1~2数量级的应急响应时间,大幅提升了本质安全水平。

数字资产平台(DAP)为目前国内数字化设计最彻底、集成度最高的数据平台,采用统一的软件标准、统一的种子文件、统一的编码服务器,将设计数据、施工数据、制造商提供的设备数据全部进行了集成,目前一期项目数据交付已经完

成,形成了渤化标准的数字虚拟工厂,或叫作数字孪生工厂。在三维定位、数据查询、检修策划、员工培训、应急响应等多个场景都有重要应用。另外,数字交付平台使用的是"元文件",可以直接在平台进行技措、大修、改建、新建设计,可始终保持虚拟工厂与实际工厂数据同步,在工厂全生命周期都可以发挥作用。

生产管理平台(MES)为生产运行数据平台,对生产数据进行全信息、穿透式、无死角的管理,可以直达全部58000台仪表数据点,在应急响应、生产调度、物料平衡、能源管理、计划排产、成本核算等多个场景都发挥着关键作用,大幅提高工作效率,提升管理水平。

企业资源计划平台(ERP)为经营数据平台,使得全面预算、财务管理、供应链、成本核算、设备管理、人力资源、固定资产、在建工程等公司经营维度全面实现了数字化,全部流程线上运行,全过程可视、全流程透明,大幅提高经营效率,降低经营风险。

上述四大平台将公司安全、建设、生产、经营全维度实现了数字化,为智能化升级打下坚实基础。

大数据平台为数据治理的软硬一体化平台,可实现数据分类、储存、备份、调用、分析等功能,支持跨平台数据直接相互调用,同时确保数据的存储安全和使用安全。

门户平台为员工登录智能平台的统一入口,以公司网站为登录界面,每个员工持有账号,根据账号权限,确定访问数据内容,实现对数据的精准、安全管理。统一入口,使用起来也非常便捷。手机App也会正式上线。

天津渤化集团"两化"搬迁项目上线了全国首家由企业建设运营的海洋环境监测系统。该系统主要包括海上浮标在线监测站2套、覆盖主要污染物和特征污染物的岸基在线监测站和数据中心1套。其可实现对主要污染物和特征污染物的实时在线监测,同时集成在线监测站监测数据进入标准化数据库,实现与北海区海洋环境实时在线监控系统数据同步,实现实时接收、大屏投影等应用功能。

天津渤化集团"两化"搬迁项目建设有智控中心,是智能工厂的控制中心,具备抗爆结构,共两层建筑,占地2000平方米,大厅面积1000平方米,设有88个操作台,120平方米大屏,大屏背后设有数据中心机房,一期为50台服务器的规模,并为二期做了预留。

渤化智能工厂的目标是在安全、环保、生产、经营、财务、能源、设备、运行效率和风险控制十个方面全面获得提升,做行业领先的数字工厂、智能工厂、安全工厂、绿色工厂、效益工厂。

渤化"数字工厂"建设存在的不足:

数据专业整理不足,缺乏更为精准专业的数据处理平台,在流程模拟、安全管理、设备管理、视频分析等问题上缺乏专业平台,未能发挥数据整理的最大效能。

运用新技术的能力不足。受限于一期庞大数据整理任务和复杂应用项目落地难度,一期新技术运用有限,未能充分挖掘新技术在数字化转型和智能制造方面的突出优势。

高级应用功能不足。一期项目以基础应用为主,高级应用较少,平台间数据相互引用较少,功能受到限制。

二、"数字工厂"到"智能制造"

在数字工厂的基础上建设智能工厂,实现智能制造,可行的思路如下:

一是全面优化数据平台,分类更精准,功能更强大,覆盖更全面;二是全面拥抱新技术,使用5G、AI等实现创新功能;三是全面铺开高级应用,全面提升运营水平,全面实现"五化目标",具备自感知、自学习、自执行、自决策、自适应的能力,真正进入"智能制造"模式。

具体思路如下:

(一)完善优化六大平台

HSE平台、数字资产平台(DAP)、生产管理平台(MES)、企业资源计划平台(ERP)四大基础平台+大数据平台+门户平台的"4+1+1"的智能工厂建设内容。

(二)全面优化HSE平台

平台完成功能如下:

安全基础信息管理中的MSDS(Material Safety Data Sheet,化学品安全技术说明书)管理,危化品的基本信息、存储的装置、设备位置信息、储量信息等管理,重大危险源区域管理,企业人员、外来人员的管理等;重大危险源安全管理中的重大危险源在线实时监测、视频监控、风险区域管控等功能;敏捷应急功能;大屏展示及管理功能、厂区GIS地图功能;企业现有安全生产相关的各类数据的接入。

平台还需升级建设功能如下:

　　安全基础信息管理中的企业相关安全生产证照、法规和标准管理,生产过程中的工艺信息管理,设备设施详细信息管理;重大危险安全管理中的重大危险源安全包保责任落实管理、重大危险源风险分析及识别;特种作业管理;双重预防机制;智能巡检;人员车辆定位(平台导入);融合通信(平台打通)。

　　升级建设相关内容,再结合现有的建设内容最终在GIS地图一张图中实现,安全生产数据监测、监测报警、现场作业管控、风险管控隐患监督、巡检作业审批与监控、人员车辆定位、资源共享、应急处置等。推动企业安全基础管理数字化、风险预警精准化、风险管控系统化、危险作业无人化、运维辅助远程化,推动实现危险化学品企业安全风险管控数字化、智能化全面转型。

　　根据功能扩张需要,平台子系统将具备增加系统规模的能力,通过增加传感器数量,进一步提升安全管理监测水平。增加子系统设备:火灾报警系统、门禁系统、周界系统、大屏系统等。将通信相关的数据调整到通信融合平台,环保相关的数据调整到智能环境监测平台,将定位相关的数据调整到人员定位平台,相关平台数据打通,可由HSE平台实现展示、集成、报警、推送、人员定位、应急等核心功能。

(三)全面优化数字资产平台,建设数字孪生平台

　　在全面实现数字化交付的基础上,全面优化建设数字孪生平台,该平台将通过一系列数据优化工作,在确保基础数据完整的情况下,实现数据轻量化、实现流畅预览,并将其作为3D应用的基础数据平台,为既有的2D地图可视化系统提供升级的3D化应用,全面提升可视化、可操作化水平。

　　主要功能包括:全厂区地形、建筑、装置设备三维模型的建立;基于三维的展示动画及特效、数据配置、模型编辑器;三维效果的展示方式;SPF(SmartPlant Foundation,数字化集成设计及移交平台)相关数据的采集共享及基于三维模型的展示;基于三维模型的安全监测、报警展示功能;基于二、三维模型的事故处置功能;基于三维模型的设备监测与报警展示功能。

(四)全面优化MES平台

　　将目前MES平台升级为有国际先进水平、得到规模化成功应用的生产运营管理系统平台,提供一个以"平台标准统一、业务相互集成、数据上下一体、信息反应敏捷、覆盖三级(公司、生产中心、生产装置)应用"的可配置、有弹性的精细化生产管理支撑平台,管理包括物料、能源、设备、流程指令和自控设施等工厂资源。在统一信息平台上集成诸如生产计划、生产调度、物料平衡、质量控制、设备

运行、能源计量、生产绩效与报表等功能,从而建立适合能源化工产业发展的新管理模式,实现生产管理数字化、精细化,生产决策可视化、智能化,可推动企业降低成本、增强效益、不断提升能源化工智能化水平。

(五) 提升完善 ERP 平台

在 ERP 注重物资资源管理(物流)、人力资源管理(人流)、财务资源管理(财流)、信息资源管理(信息流)的流程管理的基础上,全面提升 ERP 数据分析能力,在生产指导、生产成本、融资成本、库存指导、财务指导等方面提供高级分析指导功能,进一步提升经营管理水平。

(六) 完善大数据平台

进一步提升数据整理、储存、调用水平,建设本地云,推动异地容灾建设;进一步提升大数据平台的硬件水平和软件功能,升级动环管理系统,升级服务器管理,进一步提升对数据安全、处理效率、存储管理的水平;进一步升级桌面云系统,增加图形处理器,增强桌面云系统性能,升级安全管理策略,全面实施加密管理;完善门户平台;建设统一账号数据访问端口"智能制造"App,根据权限快速访问 12 大数据平台,可浏览、查询、处理、下载各类数据,能全面实现"智能化"业务处理过程。

三、全新智能制造平台建设

(一) 设备管理平台

建立一个扩展的设备运行管理平台,覆盖设备维修管理、可靠性管理的业务流程以及集成的信息化支持平台,形成从策略制定、执行、评估到优化的闭路循环,持续提高设备维修的工作效率和可靠性,保障"安、稳、长、满、优"运行,并达到国际同行中先进设备管理水平奠定基础。

设备管理模块主要功能包括:基础数据编码管理、基础资料管理、运行管理、维修管理、专业管理、综合管理以及各类统计报表管理,实现静态基础数据、动态业务数据、非结构化文档信息的设备全生命周期的管理。

设备管理平台也要监测大型机组、特种设备、仪表、电气的运行数据,实时分析,预防检修,以提高关键设备监测维护管理水平。

(二) 化工流程仿真操作平台

利用先进的化工流程模拟软件,内置化工流程模拟运算数据,并结合实际运行数据进行调参,并辅以AI人工智能算法,使其与实际运行数据相吻合。以DCS软件为基础,以化工流程模拟软件为内核,模拟设计一套仿真操作软件,不仅可以用来实训操作人员,更重要的是可以对流程条件进行优化运算,并将运算条件返回到DCS操作系统,实现实时全流程优化的目标。

(三) 人员车辆智能定位平台

在厂内建设一套人员、车辆定位平台,室外通过北斗差分定位实现亚米级精确定位,室内通过蓝牙定位实现人员定位,定位终端采用5G终端,实现定位通信融合功能,确保在任何时间、任何场合都可以快速定位、高质量通信,并通过GIS地图的人机交互界面,将全员纳入安全管理与应急管理系统,实时监控人员位置状态,确保其处于安全区域,并能在事故状态第一时间通知人们进入应急位置,全面践行"安全第一""生命至上""智能安全"的安全理念。

(四) 智能视频分析平台

利用视觉人工智能等先进技术与视频监控系统进行深入融合,实现"主动预警、智能决策、自动巡检、智能管控"可视化智能管理。助力提高设备感知能力、缺陷发现能力、状态管控能力、主动预警能力和应急处置能力。

(五) 智能通信融合平台

目前已经建设了丰富的通信手段,如扩音对讲系统、广播系统、电话系统、无线对讲系统、视频会议系统等,但是还缺少一个能将各类通信系统整合的平台。该平台核心是解决与各类通信系统对接以及融合的问题,并能提供调度手段对整合到一个平台的音频、视频、数据等资源进行一键指挥调度。因此需要建设综合指挥调度系统,通过综合指挥调度系统建设整合各类音频、视频、数据等资源。指挥调度人员通过一个系统、一个操作台即可实现对所有资源一键调度,辅助指挥调度人员轻松实现跨系统、跨部门、跨区域的统一操作。

系统可以提供丰富的指挥调度手段,满足指挥中心不同时期、不同场景的指挥调度需求,帮助指挥中心实现信息高度汇聚、系统高度融合、通信高度整合,不断提升指挥中心的现代化水平。同时系统既可以作为独立使用的指挥调度平台,也可作为指挥中心业务系统的底层平台,提供统一封装的指挥调度功能,解决指挥中心通信系统和指挥业务系统割裂的问题。

(六) 智能环境监测平台

基于既有的GIS(Geographic Information System,地理信息系统)平台,集成全

厂污水与废气污染源在线监测、固废管理、LIMS在线系统厂区内及周边环境质量自动监测系统集成平台,构建一体化环境监控平台。

该平台实时显示重点污染源烟尘(粉尘)、二氧化硫、氮氧化物和水质COD(化学需氧量)、NH_3-N(氨氮,水中的一种常见污染物)、pH(酸碱度)等的监测数据,实时掌握危废、一般废物情况,对污染物排放进行实时监测,并对污染物排放情况进行统计分析。

浓度、总量等超标情况会触发自动报警并发送到GIS平台,GIS界面上可以联动显示相应的在线监测数据和超标情况。对超限监测项目,可直观地显示超限次数和超限时间,并能进行报警操作。

将厂区及周边大气环境质量监测数据接入GIS平台,实时显示环境数据,根据应急预案落实大气环境应急措施。

智能工厂(智能制造)仍采用四层构架,其构架图如图所示:

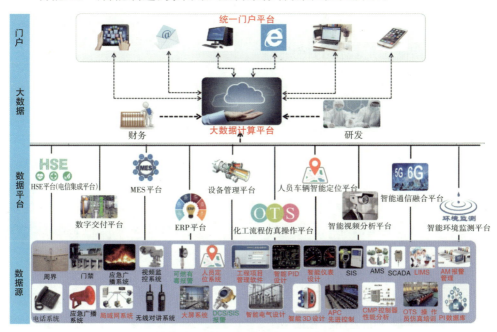

智能工厂(智能制造)构架图

渤化智能工厂二期分为四层构架:

第一层:数据源层,实现对电信数据、工程数据、ERP数据、设备数据、化工流程仿真数据、人员车辆定位数据、视频监控数据、通信数据、环境监测数据等十类数据的测量、感知、输入,是智能制造的数据基础。

第二层:数据平台层,通过HSE平台、数字资产平台、MES平台、ERP平台、设备管理平台、化工流程仿真操作平台、人员车辆智能定位平台、智能视频分析平台、智能通信融合平台、智能环境监测平台等十大平台,实现各分支、分类数据的收集、存储、分析、处理、集成、融合、展示、联动、推送、应急处置等强大功能,充分挖掘和利用数据的价值,是"智能制造"的功能集成。

第三层:大数据平台层,利用大数据的技术,实现对各类海量数据的高级分析功能,指导公司在安全生产、经营管理、财务运作、研发创新等各个维度,实现科学管理、智能决策。

第四层:门户层,作为用户统一入口,不仅作为公司形象展示窗口,更是公司员工账号管理、数据权限管理、数据集成汇总的重要平台。

四层平台层层递进,结构清晰,功能齐全,构筑智能工厂全貌,为智能制造打造坚实落地基础。

四、智能工厂具备的特点

智能工厂的建设对企业转型升级与高质量发展具有革命性、开创性的意义,笔者所述的智能工厂具有五大典型特色,四十项领先优势。

(一)行业领先的智能工厂

具有明显领先行业的特点:

1.转型升级的战略高度

智能工厂作为企业转型升级的核心内容,在战略上具备如下特点:引领行业的超一流水平;生产、管理、经营与智能化的深度融合;自我为主、掌握核心的战略思想。

2.全局思维的整体设计

目前所见的智能工厂各式各样,有的采用应用软件堆砌的方式,有的采用传统软硬件与少量智能应用打包的方式,有的是重点展示三维模型的方式,但单项的、离散的方案居多,没有给出一个整体的形象,也没有给出一个清晰的思路。本书的智能工厂方案是基于全局思维的整体设计,具备以下特点:囊括所有运营维度的智能工厂设计;包含全部生命周期的智能工厂安排;引领示范作用的智能工厂整体解决方案。

3.自主知识产权的最佳实践

本书对"什么是智能工厂""如何建设智能工厂"进行了深入的研究和反复的探索,在思想认识上获得了重大突破,就"如何一步步建成智能工厂""建成怎样的智能工厂"形成了独创的思路。本书的思路非常符合行业、专业和企业特点,比较全面且深刻。本书完全是自主设计的方案,属于自主的知识产权,凝聚了所有参与者的心血和智慧。一种具有开创性的智能工厂最佳实践,具备以下技术特点:独创的数据分类技术;独创的三步走路线图;自主开发的应用技术。打破了以往以智能应用为基础来构建智能工厂的思路,紧紧抓住"数据"这一构建智能工厂的核心基础,独创数据分类技术,将数据资源牢牢掌握,使智能工厂这座大厦的基础更加牢固。在"数据基础"上独创"三步走"智能工厂实施路线图:对数据掌控和利用、对管理优化和提升、对经营理念的改造和革新,三个层次层层递进,步步为营,确保了智能工厂建设目标的实现。另外,自主开发智能应用,比如智能报警、联动应急、智能编码等,助力智能工厂始终保持与时俱进。

(二)标准统一的数字工厂

深刻认识到数字工厂对智能工厂的重要意义,倾力打造高标准数字工厂是智能工厂方案的突出特点,具体包括:

1.具有革命性的智能数字化设计

智能设计具备质量高、变更少、材料准、施工安排更容易的特点,智能设计是化工设计的革命性进步。

2.全息的原生文件数字化交付

智能的原生文件交付,所有设计成果、施工资料、设备资料全部交付,获得所有信息、资料形成全息的3D虚拟工厂。未来任何新建、技改都可以在原生文件上补充、修改,可保证数字工厂与时俱进,与现实工厂完全一致,始终发挥价值。

3.标准高度统一的数字化工厂

数字工厂要求所有参建设计院使用统一的标准进行设计,保证所有设计院执行标准都高度统一,特别是统一材料标准、统一设备位号、统一仪表位号、统一管段号、统一管道等级、统一物料名称、统一文档编号、统一图纸标准的"八统一"必须执行到位。最重要的是所有设计和采购过程统一使用自主知识产权的物料编码系统,可大幅降低备件种类和数量。标准高度统一是智能工厂先进性的集中体现,也是企业核心竞争力之一。

4.前所未有的数字化价值

数字工厂可获得前所未有的价值,特别是长期价值,这成为了企业重要的竞争力。具体如下:减少1%~5%材料投资;90%的设计变更;减少50%~75%备件;提升8%~13%的EBITDA(未计利息、税项、折旧及摊销前利润);文件的管理方式由纸质版到电子版到数字化,进化了两个数量级;资料获取时间至少缩短了1~2个数量级;紧急情况下,快速获取资料可以更容易更安全地处理紧急事件;数据安全提升到新的高度;支持所有智能应用。

(三)信息通达的透明工厂

数字工厂的"4+1+1"平台,智能制造的"10+1+1"平台,对工厂所有数据都进行了归集、整理、存储,因此调用、分析、预测这些数据非常的方便,信息在使用权限内畅通无阻,实现了真正意义上的数据无死角、信息无遗漏、传递无障碍的透明工厂,企业将开启完全不同以往的经营模式。具体特点如下:①信息集成提升到全新维度;②资料检索速度提升1~2个数量级;③数据采集速度提升1~2个数量级;④信息上传速度提升1~2个数量级;⑤信息下达速度提升1~2个数量级;⑥应急响应速度提升1~2个数量级。

实现数据分类集成模式的企业使得信息集成水平远超同类企业,全息信息集成使得资料检索速度、数据采集速度、信息传递速度、应急响应速度提升了1~2个数量级,带来巨大的效率提升,同时使得风险大幅度降低。

(四)无人干预的黑灯工厂

黑灯工厂是无人干预的高度自动化工厂的一种叫法,是在汽车、家电等离散行业里追求的智能化目标,在化工流程行业也一样可以实现黑灯工厂。为实现这一目标采用的技术手段包括:①智能仪表、设备的选用;②智能报警管理的开发;③先进控制的大量使用;④大数据分析的应用;⑤人工智能、5G加持。

大量的智能化仪表和设备,可将原来需要手动操作的岗位改为自动操作,比如使用智能立体仓库、AGV智能小车、巡检机器人等,全面实现了无人干预。智能报警管理可以消除无效报警、升级重要报警、分析频繁报警,进一步提升了工厂自动运行水平。大量使用智能先进控制,辅以人工智能算法,进一步提升运行质量,再辅以大数据分析,完全可实现黑灯工厂的目标。

(五)智能防护的安全工厂

海因里希法则表明,当一个企业有300个隐患或违章,必然要发生29起轻伤或故障,另外还有一起重伤、死亡或重大事故。智能工厂设计理念,就是要减少小事故发生概率,以实现减少大事故的目的。HSE平台通过强大的安全信息集成能力,严密监控异常事件,严控隐患和违章的数量。在出现紧急事件时,根据应急预案实施快速响应,及时处理事故,防止次生灾害发生。HSE平台目标是减少1~2个数量级的各类紧急事件。具体的特点包括:①国内最高标准的安全管理平台;②集成所有安全相关的报警信息;③集成所有环保排放数据;④集成海洋环境监测数据;⑤集成人员定位系统;⑥应急指挥快速化、标准化,响应速度提升1~2个数量级;⑦报警事件自动推送,汇报速度提升1~2个数量级;⑧报警事件集中管理,安全事件减少1~2个数量级。

HSE平台由安全环保管理部门直接操作,而不是由生产管理部门来操作,这样设置的好处有两点,一是安全管理部门通过平台可以第一时间掌握到所有安全相关的事件,省去所有中间环节,无延时,无遗漏;二是安全部门倾向于从严处理事件和隐患,从而达到减少事件和隐患数量的目的。

HSE平台的人员运用定位功能、对讲功能、应急广播等智能功能,可以实时掌控人员分布情况,在紧急事件发生时实现人员快速撤离,可以有效减少人员受伤数量。另外,黑灯工厂设计理念,大幅减少人为干预,大幅减少了员工在危险中的暴露时间,减少了发生人身伤害事故的概率,从本质上提升了安全水平。

五、智能工厂建设费用

以200亿投资的工厂为例,智能工厂"数字化转型"共涉及8大项目36个子项目,智能硬件项目预估费用1.06亿元,数字工厂软件项目预估费用0.88亿元。

数字工厂建设费用估算表(万元)

序号		项目	智能硬件项目预算(万元)	数字工厂项目预算(万元)	备注
1	1	门户平台		200	
2	2	大数据平台		500	
3	3	HSE平台	12300	600	
	3.1	HSE系统平台		500	
	3.2	周界系统	300		
	3.3	门禁系统	500		
	3.4	视频监控系统	4000		

续表

序号		项目	智能硬件项目预算(万元)	数字工厂项目预算(万元)	备注
3	3.5	无线对讲系统	500		
	3.6	火灾自动报警系统	1500		
	3.7	广播系统	200		
	3.8	扩音对讲系统	1500		
	3.9	电话系统	300		
	3.10	计算机局域网系统	500		
	3.11	人员定位系统	1000	100	
	3.12	大屏系统	2000		
4	4	海洋环境监测系统	1500	500	
5	5	DAP数字资产平台		1000	
	5.1	智能PID设计软件		200	
	5.2	智能电气设计软件		200	
	5.3	智能仪表设计软件		200	
	5.4	智能编码软件		200	
	5.5	工程项目管理软件		200	
6	6	MES生产管理平台	6700	1750	
	6.1	DCS离散控制系统	6000		
	6.2	GDS可燃气体及有毒气体检测系统			
	6.3	SIS安全仪表系统			
	6.4	AMS智能仪表管理系统			
	6.5	SGADA数据采集与监视控制系统	300		
	6.6	AM报警管理系统		100	
	6.7	CPM控制性能监控			
	6.8	APC先进控制		500	
	6.8	OTS操作员仿真培训系统		500	
	6.9	LIMS实验室信息管理系统	300	150	
	6.10	实时数据库	100	500	
7	7	ERP企业资源计划平台	200	400	
8	8	智控中心	2000		
		合计	22700	4950	

智能工厂建设"智能制造"项目共涉及13大项目45个子项目,智能制造软件项目预估费用7200万元,硬件在"数字化转型"基础上预估增加3000万元。

智能工厂建设（智能制造）费用估算表（万元）

序号		项目	智能硬件项目预算（万元）	智能制造软件项目预算（万元）	备注
1	1	门户平台		200	
2	2	大数据平台		500	
3	3	HSE平台	4300	500	
	3.1	HSE平台软件（升级）		500	
	3.2	周界系统	300		
	3.3	门禁系统	500		
	3.4	火灾自动报警系统	1500		
	3.5	大屏系统	2000		
4	4	数字资产平台（数字孪生平台）		900	
	4.1	智能PID设计		200	
	4.2	智能3D设计		500	
	4.3	智能仪表设计			
	4.4	智能编码设计			
	4.5	工程项目管理软件		200	
5	5	MES生产管理平台	11700	550	
	5.1	DCS离散控制系统	6000		
	5.2	GDS可燃气体与有毒气体检测系统			
	5.3	SIS安全仪表系统			
	5.4	AMS智能仪表设备管理系统			
	5.5	SCADA数据采集与监视控制系统	300		
	5.6	AM报警管理系统		100	
	5.7	CPM控制性能监控			
	5.8	智能仪表	5000		
	5.9	LIMS实验室信息管理系统	300	150	
	5.10	实时数据库	100	300	
6	6	ERP企业资源计划平台	200	400	
7	7	智控中心		200	
8	8	设备管理平台		500	
9	9	化工流程仿真操作平台		1500	
	9.1	流程模拟软件		500	
	9.2	APC先进控制		500	
	9.3	OTS操作员仿真培训系统		500	

序号		项目	智能硬件项目预算(万元)	智能制造软件项目预算(万元)	备注
10	10	人员车辆智能定位平台	1000	100	
11	11	智能视频分析平台	4000	100	
	11.1	智能视频分析软件		100	
	11.2	视频监控系统	4000		
12	12	智能通信融合平台	3500	100	
	12.1	智能通信融合系统软件		100	
	12.2	无线对讲系统	500		
	12.3	扩音对讲系统	1500		
	12.4	广播系统	200		
	12.5	电话系统	300		
	12.6	综合布线系统	500		
	12.7	计算机局域网系统	500		
13	13	智能环境监测平台	1500	500	
合计			26200	6050	

第六节　智控中心的设计思路

一、智控中心的设计思路

智控中心是公司的"大脑",公司所有的数据资料与运行状态尽在智控中心的掌握之中。智控中心也是上级检查、同行参观、领导了解公司运转情况的必经之处,因此智控中心的设计必须满足以下基本要求:

(一)动线要求

智控中心必须设计在合理的动线上,在兼顾生产运营、参观访问上尽量做到平衡。

(二)数据要求

智控中心是除生产系统以外的其他所有数据的数据中心,数据存储安全、路由合理、空间足够是其基本要求。

（三）办公要求

智控中心24小时有人值守，要考虑办公的职能。智控中心也是应急中心，必须考虑紧急会议的功能。

（四）展示要求

智控中心为全公司的信息集成中心、信息展示中心，要具备一定的空间，必须要有人机交互的大屏、展示场地、扩音设备等必要设施。

笔者建议的方案为智控中心与控制中心合体建设，但要相对独立。智能中心中间设有智控大厅，北侧设有大屏幕。大厅四周设有走廊、办公室、会议室等。详见布置图。智控中心是"4+1+1"平台的智能集控中心，是设备管理平台、智能视频分析平台、化工流程仿真操作平台、人员车辆智能定位平台、智能环境监测平台的实操场地，也是应急中心、展示中心、集成中心、会议中心。

智控中心与中心控制室布置图、智控中心工位布置图、智控中心参考示意图请扫描以下二维码查看。

HSE管理部、生产管理部、信息管理部设置在智能控制中心，HSE管理部专职操作HSE平台等相关平台；生产管理部、设备管理部专职操作生产管理平台、设备管理平台等生产相关平台；信息管理部负责维护智能工厂的各大平台。

二、机房的建设

智能时代的企业运营可用性可界定为四个层面的工作，从人员管理的可用性，到工作流程的可用性，到IT信息技术的可用性，而最基础的一层是网络环境的可用性，即NCPI（Network Critical Physical Infrastructre，网络关键物理基础设施），也就是我们常指的计算机机房工程。NCPI是机房中与IT系统紧密相关的、关键的一部分，是由基础建设、电力供应、空气调节、制冷系统、弱电系统、消防系统、监控系统、系统管理服务等部分组成。具体包括：装饰装修系统、供配电系统、照明系统、防雷接地系统、门禁系统、视频监控系统、综合布线系统、新风系统、精密空调系统、机柜系统、消防报警系统以及集中监控系统等。

机房工程设计必须满足用户当前的各项业务应用需求，同时又面向未来快速增长的发展需求,应是高质量的、灵活的、开放的。设计时考虑规避下列外界因素:电磁场、易燃物、易燃性气体、磁场、爆炸物品、电力杂波、潮气、灰尘等影响。

本书建议机房设置在智控中心,具备以下四个特点:

(一) 实用性和先进性

采用先进的技术、设备和材料,以适应高速的数据需要,使整个系统在一段时期内保证技术的先进性,并具有良好的发展潜力,以适应未来业务的发展和技术升级的需要。

(二) 安全可靠性

为保证各项业务应用顺畅运行,网络必须具有高可靠性,决不能出现单点故障。因此要对机房布局、结构设计、设备选型、日常维护等各个方面进行高可靠性的设计和建设。在关键设备采用硬件备份等可靠性技术的基础上,采用相关的软件技术提供较强的管理机制控制手段和事故监控与安全保密等技术措施,以便提高电脑机房的安全可靠性。

(三) 灵活性与可扩展性

具有良好的灵活性与可扩展性,能够根据机房业务不断深入发展的需要,扩大设备容量和提高用户数量、质量的功能。应具备支持多种网络传输、多种物理接口的能力,以及提供技术升级、设备更新的灵活性。

(四) 可管理性

由于机房具有一定复杂性,随着业务的不断发展,管理的任务必定会日益繁重。所以在机房的设计中,应实现电信集成系统对机房智能化、可管理的功能。比如火灾报警监控、实时视频监控、门禁监控、实时事件记录等,这样可以迅速确定故障情况,简化机房管理人员的维护工作程序,从而为计算机机房的安全、可靠运行提供最有力的保障。

第三章

数字化转型

本书所述的数字化转型的智能工厂涉及六大平台及一项硬件系统,包括:HSE平台、数字资产平台(DAP)、生产管理平台(MES)、企业资源计划平台(ERP)、大数据平台、门户平台,以及桌面云系统。

第一节　电信集成平台(HSE)

电信集成平台,又称HSE平台,为软件硬件结合平台,软件平台向下集成有周界系统、门禁系统、视频监控系统、广播系统、电话系统、无线对讲系统、火灾自动报警系统、扩音对讲系统、计算机局域网系统、大屏系统、人员定位系统以及海洋环境监测系统等。

一、HSE平台

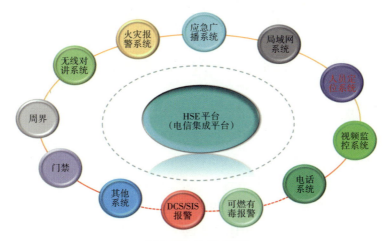

HSE平台构成图

(一)概述

HSE平台是智能工厂六大智能平台("4+1+1"平台)之一,通过集成电信数据,挖掘数据价值,构建安全管理集成平台和预警指挥集成平台功能。平台集成的电信系统包括火灾自动报警系统、视频监控系统、周界系统、门禁系统、电话系统、无线对讲系统、扩音对讲系统、广播系统、大屏系统、人员定位系统共10项电信子系统,同时还可集成生产管理平台(MES)的重要数据,包括重要生产报警数据、可燃报警数据、有毒报警数据、环保监测数据、海洋环境监测数据、气象信息数据等。可以实现全厂无死角、无遗漏、无延时的安全管理与监控预警，在出现事故时还能根据应急预案实现应急指挥功能。

（二）供应商品牌

太极、格利特、中油瑞飞等。

（三）建设费用

按平台功能组件计基础费用，按需集成系统的个数计集成开发费用，按系统点位数量（如火灾报警点位数、扩音对讲点位数等）计授权费用，总费用在1000万左右（不含大屏显示系统）。

（四）建设周期

6~12个月。

（五）详述

1. 集成的目标

目前建设的电信专业各子系统往往是单独建设、独立运行，这使得应用和使用比较复杂，管理、维护成本高。本次电信集成要建设一套系统完整、技术先进、功能强大的电信管理平台，可通过对全厂安防系统（视频监控系统、门禁系统、周界系统、大屏系统）、通信系统（扩音对讲系统、无线对讲系统、电话系统、广播系统、计算机局域网系统、信息发布系统、时钟系统）、火灾自动报警系统以及其他涉及安全（GDS系统、人员定位系统、气象信息系统）和环保（海洋环境监测、环境监测系统）各专业成熟系统的集成，并利用信息化手段，对全厂安防、生产通信、应急指挥、人员管理进行集中平台化展示、基于GIS的报警可视化管理、基于BPM（业务流程管理）的安全应急流程化管理、可视化的高效应急调度指挥以及厂区日常安全管理等一体化管控体系建设。以此满足工厂在日常生产及安防监控、生产及调度指挥通信、事故应急及人员管理等方面的需求。

2. 子系统联动的功能

（1）火灾自动报警系统

与视频监控的联动，火警发生时摄像机对准报警发生位置进行录像取证，摄像机的操作可在GIS地图上完成，并且在大屏上展示；与扩音对讲系统、广播系统、气象信息系统的联动，火警发生时分区或全区播放应急广播；与门禁系统联动，火警发生后，相应区域的所有受控门处于打开状态；与信息发布系统的联动，火警发生后,向员工发布火警信息。

(2)视频监控系统

不仅能通过控制中心或各个客户端查看到现场的实时视频或录像信息,还能和地图系统联动点击查看和操作;与周界报警系统联动,报警时摄像机对准报警发生位置进行录像取证;与火警系统联动,火警发生后进行摄像机监控;与门禁系统的联动;摄像机所展示的内容均可以在大屏和GIS地图上展示。

(3)扩音对讲系统

周界防范报警发生后与扩音对讲系统联动;火灾报警发生后与扩音对讲系统联动,引导人员进行有序疏散;气体泄漏报警发生后与扩音对讲系统联动,引导人员进行有序疏散;与电话系统、无线对讲系统的互拨,与广播系统的互拨;可根据事件的发生时间、责任部门在线查阅话单记录以及播放通话录音信息。

(4)无线对讲系统

与电话系统、扩音对讲系统的互拨;作为语音和数据信息传输的媒体;可根据事件的发生时间、责任部门在线查阅话单记录以及播放通话录音信息。

(5)安防系统(周界系统)

报警时与监控系统和扩音对讲系统的联动,进行大屏展示。

(6)门禁系统(包括出入口控制、一卡通、停车场管理系统)

电子地图上看到读卡器位置、刷卡信息和门开关状态;门状态异常触发报警,上传到平台,联动摄像机,大屏展示;与火灾自动报警系统联动,火警触发受控门全开;可显示某一区域人员统计。

(7)广播系统(应急广播系统)

可以播放电话、对讲终端的呼叫语音;可以播放火警、GDS报警时的预置录音。

(8)电话系统(包括行政电话系统、生产调度电话系统和电力调度电话系统)

与扩音对讲系统、无线对讲系统终端的互拨。与调度电话集成,可根据事件的发生时间、责任部门在线查阅话单记录以及播放通话录音信息。

(9)计算机局域网系统(包括WiFi)

作为数据传输的载体为各系统间通信提供可靠的保障。

(10)大屏系统

展示GIS地图,显示摄像机、各报警终端的点位,播放摄像机所拍摄的图像。

（11）GDS系统

气体泄漏报警时与视频监控系统、门禁系统、扩音对讲系统、广播及警报系统联动。

（12）人员定位系统

把厂区的人员位置信息、巡检人员的轨迹信息显示在电子地图上。

（13）GIS/3D地图

显示摄像机部署点位信息并查看视频；显示消防、气体报警器、门禁等点位信息；通过电子地图显示各类探测报警系统及安防子系统设备的运行状态、报警和故障情况；通过电子地图和视频图像相结合，显示出入控制设备的各出入口的情况，并对发生的各种情况进行处理；在电子地图上显示相关设备和点位信息；和地图系统联动点击，操作和查看摄像机。

（14）时钟系统

为全厂网络连接存储各系统提供标准授时，为各系统之间的联动、联锁信息提供统一时钟。

（15）信息发布系统

厂内一般信息发布到员工；应急预案启动时通知管理人员和现场人员。

（16）海洋环境监测

实时显示海洋环境、水质质量，显示海洋水位高度，为极端情况提供防潮预警数据。

（17）环境监测系统

实时显示厂区内及周边的环保监测数据，废水废气处理排放的质量数据，为环境状况的感知提供基础数据。

（18）气象信息系统

实时采集，工厂附近温度、风向、湿度等信息数据并可实时展示；实现气象数据的实时监控，气体泄漏时结合风向风速进行人员疏散广播；实现对雷电等恶劣气象的预警，保障生产人员安全。

3.平台基本功能要求

（1）平台兼容性和扩展性

平台要求有一个开放、灵活的框架，支持对现有电信子系统及其他系统报警的采集和信息的发布。平台具有兼容性，除了支持已接入的子系统在未来的升级需求,平台的可扩展性也灵活支持未来任何类别系统所接入后的二次集成(包括与集成平台平级系统的互联)。

(2)摄像头快速部署与调整

支持快速编辑摄像机与报警终端设备的联动设置,终端报警时系统会在监视窗口同步弹出对应的视频信息(一台摄像机或者若干台摄像机的视频)。

(3)控制第三方设备

操作员可以在其权限内通过点击传感器或设备,通过交互界面,直接在地图中查看实时视频与记录视频,以及控制云台摄像机、打开广播、拨通对讲机等。

(4)电子地图应用

系统需支持GIS地图,实现平面地图的多级链接管理方式。电子地图需具备快速定位、无极缩放、高清显示等功能,使用户能高效、快速、准确地精确定位报警或事故现场,提供地理位置信息,便于对应急事件的准确响应。

(5)设备监控

系统能够实时获取所有与本系统集成的第三方系统的故障及运行状态。当设备出现故障时,系统能在设备状态列表中实时显示故障信息,同时在电子地图中实时定位到设备位置,以区别于普通报警的图标闪烁方式提醒操作人员,并配以监控画面弹出的选项,以便快速查看。

(6)报警监控

系统需实时采集到各类报警信息,包括火灾报警、气体检测报警、非法入侵报警(周界报警、出入口报警)。系统收到报警信号后,可以通过多种方式显示和提醒,如视频联动、报警列表、地图定位、图标闪烁、声音提醒、短信推送等。

(7)报警显示

平台采集到的报警能够自动或手动显示在地图中,显示内容包括报警的具体信息、报警的系统及报警的位置。允许将报警设置优先级,级别至少可分为99级。

(8)报警信息关联

能够与报警信息进行智能连接与关联,使操作员不需要在多个窗口搜索与该事故相关的信息,就能够将分散的传感器数据关联在一起,并显示在单一视图中。

(9)互动地图

平台可以在地图界面上快速定位警情发生地点,并以醒目颜色的图标闪烁提醒,提供传感器、报警器所在区域的完整视图。通过点击分层树视图,操作员能够查看互动地图、地图显示传感器(包括视频摄像机、门禁控制设备、警报点等)的位置。

(10)报警集中管理

能够根据用户定义的具体政策和程序记录视频,记录视频开始于报警前数秒,可配置记录提前的具体时间,可选择是否进行自动记录。

(11)报警的处置

操作员必须按规程对报警做出反应,并优先处理级别高的报警。处置规程应确保操作员对重复发生的报警和极少发生的关键报警做出同等一致的反应。

(12)人员追踪和路线统计

平台可以提供人员追踪功能,能实时追踪并且能在最后形成具体的完整行动路线,配合监控联动系统可以向用户提供被追踪人整个行程的关联视频及路线示意图。

(13)预案流程自配置

系统允许用户根据企业内部管理流程自行配置预案,以拖拽所需要的任务模块至工作流程设计区,内容可编辑,并使其相互关联。设计完毕后,可以模拟进行仿真测试,以测试所设计的流程是否符合逻辑和规范。

(14)事件报告生成

用户可以自行编辑或者使用系统自带的报告模板创建报警报告(事故档案),报告要包括所有报警详情、照片、地图、视频等文件,并能根据报警时间、类型、位置等属性进行排序。

(15)安全培训功能

基于事件的处理报告实现对事故汇编,形成丰富知识库,来进行视频逻辑化展示,以提高相关人员的安全生产意识和事件发生时的处置能力。

(16)危险源监控

通过与生产实时数据库对接,实时显示各个装置危险源的情况,包括危险源位置,实时测量数据以及化学品物性。

(17)运维过程监视

可对厂内检维修过程进行监控,并实时展示在地图上;对动火、破土、高空、受限空间等作业过程进行展示,供安环及生产管理人员全程监控和回溯。

（18）移动应用

通过定制开发，在使用移动设备上的App应用时，实现可实时查看平台所接入设备安全状态的功能。

（19）平台健康性管理

系统可对平台的健康性及其相关子系统的关联性进行监控，如果某一个子系统出现故障，可提示报警信息。

（20）安全管理审计

系统可对历史报警信息、历史联动控制、短信息发送历史、预案执行历史等业务日志信息进行记录和查询，可实现安全事件和事故的知识库建设、安全预案完善、责任追溯等。

4.平台高级功能要求

（1）事件跟踪

通过建模，对不同类型报警、安全隐患进行智能判断优先级和展示排序，第一时间通知相关责任人进行及时处置，调度员及各级生产管理人员可在线实时监控跟踪事件的处置过程。

（2）应急物资管理

基于地理信息系统，为所有应急处置相关的资源增加地理位置属性，应急时能将其分享给每一个参与应急指挥与救援的人员，实现资源的共享和统一调配。

（3）生产数据分析

实现与大机组状态监测系统、实时数据库、LIMS系统和MES系统的深度集成，实时获取并监控生产过程中工艺、设备、能耗、质量、仓储、物流、排放等各类关键指标，按照不同组织架构和管理需要为各级生产管理人员提供个性化的生产数据实时展示与动态分析。

（4）经营数据分析

实现与ERP、设备管理、物流管理系统、计量系统深度集成，实时获取经营管理数据，根据实际管理需要进行建模、分析与展示，辅助管理决策。

（5）过程报警分析

对生产过程中重要点位工艺报警、火灾报警、各种泄漏报警、关键指标超标、工艺事故、安全事故、环保事故等事件进行集中展示，对不同类型报警进行智能判断，确定报警优先级并进行排序，处理过程可供调度员及各级生产管理人员在线实时监控跟踪。

（6）调度指令管理

建立一套标准的调度指令与应急指令模板，来完成预置信息录入，以便支撑指令的快速生成与发布，对发布的指令进行跟踪监督。

（7）应急资源管理

实现对应急机构管理、应急人员管理、应急装备管理、应急物资管理、重大危险源等基于地图的应急资源可视化管理。

（8）数据过滤处理

基于大数据构建数据过滤处理模型，按事件类别划分不同报警，帮助操作人员与管理人员减少工作量，提高工作效率，缩减对突发事件的反应时间。

（9）预案标准化管理

实现包括操作规程管理、应急预案管理的日常管理维护。固化应急预案，以流程化的方式引导执行人员按照正确的方式处理事件。

（10）指挥管理可视化

实现基于GIS地图的空间资源协同管理，展示事件现场及周边环境360°实景信息，展示应急资源分布，为安全生产管理及应急指挥提供可视化的信息支撑。

（11）应急指挥功能

在应急指挥过程中得到全维度信息的支持。图形化展现预案执行步骤，对预案执行过程进行全程记录跟踪，为指挥决策提供辅助。

（12）报警信息发送

系统能够根据预先设定的预案，手动或自动将重要报警信息按照预设的规则，实时发送给企业生产部门、安全管理部门和主管领导。

（13）预案匹配执行

当接收到各系统的报警/故障信号时，系统能自动匹配符合条件的行动预案，并执行相应的预案。预案的步骤可以自动执行，也可以人工确认执行。

（14）预案记录和总结

系统能够对预案执行过程进行记录，以备后期进行数据查询、事故回放、经验总结、应急培训。

（15）应急演练

按照火灾、爆炸、泄漏、生产、设备、洪涝等事故类型，实现各类专项预案演练方案的过程记录和总结。

二、周界系统

（一）概述

周界系统具备对人为入侵的实时监测、精确定位、智能分析等功能。系统应能适应不规则实体院墙的无盲点任意布防；满足大范围组网布防的需要以及后续网络化集中控制的拓展需求。当振动光缆检测到振动信号时，系统应能通过设定时间窗口、振动次数和振动强度来定义报警事件，做到对真正的攀爬或破坏围墙的行为发出报警信号，并应具有辨识功能，可有效剔除刮风、下雨、雷电和汽车通行造成的环境振动及小动物的干扰，并提供用户使用报告。

（二）供应商品牌

武汉理工、上海波汇、海康威视。

（三）建设费用

按照长度10000米计算，统一管理，费用大概在300万元。

（四）建设周期

共120个自然日。

（五）详述

本述周界系统为分布式光纤周界入侵报警系统，主要是由振动探测光缆、传输光缆、信号处理器、管理终端及软件等部分组成。

振动探测光缆作为周界入侵报警系统的探测前端，实时采集设防区域的振动信息，并将该信息反馈回信号处理器。信号处理器作为周界入侵报警系统的前端振动探测光缆的后端设备，为振动探测光缆提供光源，并将振动探测光缆反馈回的携带振动信息的光信号进行解调。报警主机将解调的信号以协议形式通过网络上传至系统管理平台。配套该系统的专用软件，能够分析和识别振动光纤信号处理器及报警视频的信号，判断是否有入侵行为发生。管理终端安装配套软件作为主控端，对系统进行管理和设置。传输光缆连接振动探测光缆和信号处理器，每根振动探测光缆需要一芯传输光缆与信号处理器上的一个光通道连接。

系统防区采用光纤光栅作为传感器。防区主要采用软件方式划分为主、物理方式划分为辅的前后端结合防区划分方式。前端各通道振动探测光缆相互独立:某一防区的传感单元被破坏或发生故障时,不影响其他防区的正常工作。在设防状态下,当布防区有入侵(攀爬围栏、破坏围栏、攀爬大门、破坏大门等入侵行为)发生时,报警控制设备显示出报警发生的区域或地址;当多路、多点同时报警时,报警控制设备应依次显示出报警发生的区域或地址,同时发出声光报警信息,报警信息应能保持到手动复位,报警信号应无丢失。

周界入侵报警系统提供IP联动SDK(软件开发工具包)实现与电信安全集成平台进行集成,通过电信安全集成平台与视频监控系统、广播系统实现统一联动功能。在设防状态下,当探测到入侵发生时,可通过联动模块上传报警信号,驱动工业电视摄像前端转动,转向报警区域,同时控制室即刻发出声光报警,使操作人员直观、实时掌握现场情况,根据现场实际情况,进行针对性的相关操作。现场设备具有防拆功能和故障报警功能,在设防或撤防状态下,当前端处理器被打开、传输线路断路、报警主机电源故障等情况发生时,报警控制设备上发出声光报警信息,报警信息能保持到手动复位,报警信号应无丢失。探测设备抗不良天气干扰能力强,灵敏度根据不同现场情况和气候可调,每个防区可单独设定灵敏度。振动传感器具有智能识别功能,可有效屏蔽风雨等自然因素及老鼠、鸟、猫等小动物对传感器引起的振动,同时对施工人员单次误碰也可以进行屏蔽。

三、门禁系统

(一) 概述

全面的智能门禁管理系统有很多拓展功能,除门禁外,还有电梯控制、巡更、停车场管理、考勤统计、消费等功能。门禁系统应和考勤系统作为一个整体,由读卡器、控制器、考勤管理工作站、考勤管理系统软件组成。按照管理制度要求,自动对指定的人员进行考勤管理和记录,并随时可以将储存数据上传至ERP。

(二) 供应商品牌

西门子、博世、霍尼韦尔、海康威视。

(三) 建设费用

门禁系统供货商报价大概500万元。

(四) 建设周期

根据集成商及厂区的建设情况来定。

（五）详述

一卡通系统是以非接触式卡为核心,以计算机技术和通信技术为辅助手段,将某一范围内的各项基本设施连接成一个有机的整体。系统可以通过同一数据库和软件平台进行管理,使用者通过一张卡就可以完成停车、通道进出、考勤、就餐、消费、办公室门禁、会议签到、巡更、访客管理、用水、用电、电梯等管理,成为真正意义上的一卡通,实现"一卡在手,走遍全区"。

系统以控制台、人员信息、设备卡和账套平台为基础,实现通道管理、门禁管理、考勤管理、会议签到、巡更管理、储物柜(信报箱)管理、电梯控制、信息查询等管理功能,同时可实现与其他系统的集成。

1.门禁控制和考勤管理

在办公及库区等重要区域设置门禁点,建设一套门禁系统。

2.出入通道管理

为了限制园区的人员及非机动车进出,将分别安装人员通道闸,实现安全管理,员工出入各个区域必须刷卡验证身份,可以实现各个区域的有序、安全管理。通过在大门处设置摆闸速通门的方式来管理车辆进出。

3.停车场出入管理

分别在园区两个出入口安装停车场系统,将内部车辆与外部车辆分开管理。内部车辆全部使用车牌识别的月卡权限方式;外部车辆经过核查,可在系统中提前录入访客车牌或由保安人员手动放行。

4.访客管理

在园区的两个大门出入口设置外来访客管理中心,实现外来访客的登记管理,同时根据访客接待的部门,设置访客可以到达的区域设置权限。

5.考勤

主要出入口设置指纹和面部识别考勤机。

6.消费管理

在园区餐厅安装消费机,就餐刷卡扣费。可脱机使用,网络恢复后上传消费数据。

7.卡务管理

由组织人事部门统一建立和维护人员信息,发员工卡、制卡,保卫部门负责卡片的授权、临时人员卡的发放回收。

8.手机应用

在手机上安装App应用程序,利用手机实现门禁、考勤、消费及查询等功能,支持微信、支付宝等缴费、充值。

门禁系统通过SDK或者专有协议方式与电信安全集成平台进行集成,通过电信安全集成平台可与视频监控系统、可燃气体及有毒气体检测系统、安全仪表系统、人员定位系统等进行统一联动。除了可以对全厂进出人员/车辆进行管理以外,还能通过安全集成预案系统进行全厂逃生的管理。

门禁系统的功能除了记录持卡人的信息、记录持卡人的活动范围,还可以包括以下功能:密码和胁迫报警、黑名单、双门互锁、多人访问、全局防反传、报表数据分析等。可以对重要的受控门的开关进行监测,打开超时、非法开门都会发出报警信息,报警可以联动摄像头进行确认,并且会在系统中的电子地图上显示精确的报警位置。除了传统的对人员出入口的控制功能,还可以包括员工的一卡通消费系统、考勤系统、停车场管理系统、电梯控制系统、巡更系统和物流的电子标签系统等。门禁系统后台可以统计整个厂区内的人数(或厂内重要区域的人数),门禁系统还可以与火灾自动报警系统、可燃气体及有毒气体检测系统可以联动门禁系统,在发生火灾或是气体泄漏时,自动打开波及区域的所有逃生门通道。

四、视频监控系统

(一) 概述

视频监控系统采用数字摄像机作为前端,采用IP网络作为主要传输网络,网络带宽根据设计要求进行分配。系统及设备使用标准接口和开放协议,方便系统互联。数字视频监控管理平台采用大规模的企业级数字视频综合管理平台,易于管理和维护。用户界面基于Windows操作系统,平台包含服务器、客户端、SDK及视频上墙设备等。

(二) 供应商品牌

海康威视、大华、霍尼韦尔、库柏裕华。

(三) 建设费用

供应商根据以往项目经验报价在4000万元左右。

(四) 建设周期

根据集成商及厂区的建设情况而定。

（五）详述

系统架构如下：前端摄像机的接入，选用百兆网络；数字摄像机采用光纤收发器，通过单模传输光缆，将信号接入交换机。接入层交换机到核心交换机之间的网络连接，采用千兆网络；主机房内以及主机房核心交换机到监控中心和分控中心之间的网络连接，采用千兆网络。

监控系统采用"网络摄像机+网络视频录像机+监控客户端"的方式构建一个高清视频监控系统。系统的管理平台是通过NVR（网络视频录像机）和监控客户端实现对本地监控点的视频监控、录像存储、报警处理、实时流转发、用户/设备管理。

1.前端摄像头

（1）非防爆区域。厂区周界使用具备黑光全彩功能并且可转动的300万像素30倍光学变倍超星光球型摄像机，红外距离可达200米。所有前端监控设备均可以设置有关绊线入侵、区域入侵、穿越围栏、徘徊检测、物品遗留、物品搬移、快速移动、人脸检测等多种行为检测，结合前端摄像机的智能算法提升工作效率。

（2）防爆区域。防爆摄像机其红外距离、智能分析功能等同于非防爆前端设备。先进的防爆监控设备，防爆护罩均采用防腐蚀不锈钢304或者316L，防爆标志：Ex d Ⅱ C T6 Gb/DIP A20 TA，T6，具有防爆合格证。

2.存储

配置×台××路NVR（便于后期扩展）。使用集中存储的方式，要求做到N+M备份（一种高可靠性的视频存储解决方案），确保数据的稳定性、安全性。支持Raid0、Raid1、Raid3、Raid4、Raid5、Raid6、Raid10、Raid50、Raid60、SRAID、JBOD。提供基于Web的配置管理功能，简单易用；支持ONVIF、GB/T 28181等标准协议，保障了对不同厂家前端设备的兼容性。根据前端摄像头的数量进行集中接入、存储、视频流转发。

3.视频综合管理平台

平台客户端的主要功能有：实时监视、轮巡任务、录像回放、报警管理、云台控制、语音对讲、视频上墙，以及本地配置等功能。

（1）实时监控

图像数据叠加在实时监控视频流上，通过实时监视功能，实现对监控网点全天候、全方位的监视功能。对监视目标进行实时、直观、清晰的监视，全天24小时均可观察到前端现场的监控状况。

（2）轮巡任务

监控任务和监控计划是一种监控轮巡策略。用户可以通过设置监控任务，指定一组摄像头在特定监控画面中打开。用户可以通过设置监控计划，指定监控任务在特定的时间内执行。

（3）录像回放

监控系统的建设可以实现实时监视和报警功能，还有一个重大的作用就是事发后可以有据可查，因此，录像的检索、连续流畅、多功能播放也是平台的一个很重要的功能。

（4）报警管理

报警管理提供接收到的报警信息罗列和查询过滤操作。报警等级通过不同颜色进行区分，报警的信息包括处理状态、报警类型、时间、事件类型、报警设备、通道、报警等级。用户可以指定报警类型、时间段，对相关的设备进行报警信息的查询。

（5）云台控制

用户在实时监视时，可以通过云台控制摄像机的转动、聚焦、变倍等基本操作，以及预制点、巡航线、灯光等辅助功能。此外，用户可以使用三维定位功能，在实时监视时可以通过框选的方式，迅速将局部区域放大，方便定位到重点关注区域。云台控制操作有不同的优先级，高优先级的用户可以抢占低优先级的用户的控制操作。

视频管理平台支持ONVIF、GB/T 28181标准协议的设备接入，支持B/S、C/S客户端，以及iPhone（苹果手机）、iPad（平板电脑）、Android phone（安卓手机）等移动端应用，支持二次开发，提供平台SDK开发包。

视频监控管理平台提供了一个完整的集成管理界面，保证在网络中任何位置都可以控制、调配和诊断整个系统。能够针对突发事件或其他系统事件触发联动时所对应区域摄像机视频流能自动调整，不需要更改系统的配置。与安全管理集成系统进行集成，发生报警事件（包括门禁系统的事件、火灾自动报警系统的事件、可燃气体及有毒气体检测系统的事件、周界系统的事件等）后，立即触发相关摄像机到预置位进行录像，并且在大屏上自动弹出相关视频画面，将相关的报警触发事件图像上传给安防系统，同时触发联动及触发NVR录像。

视频监控系统需跟电信安全集成平台进行高度集成，不但安全集成平台要实现对视频监控系统的有效控制，也要实现全厂安全报警视频和关联视频独立存储，这样便于事故追查。

五、广播系统

（一）概述

广播系统具有背景音乐广播、业务广播、应急广播和定时广播等功能。该系统采用音频矩阵，平时可在公共区域定时播放背景音乐，发生紧急情况时，兼作事故广播使用，并指挥人员疏散。系统在设计上应考虑使用场所的特性、噪声水平、空间大小、建筑高度等情况，并根据扬声器的扩散角度、声压等级和额定输入功率，确定扬声器的数量。

（二）供应商品牌

霍尼韦尔、TOA、博世。

（三）建设费用

供货商预估报价在100万元左右。

（四）建设周期

1~3个月（根据项目实际进度情况而定）。

（五）详述

广播系统的扬声器主要设置在室内，用于向整个区域的公共场所及特定区域提供可靠的、高质量的背景音乐广播和定时广播。系统采用分布式、网络化数字广播系统进行设计，根据每个单体建筑的不同需求，设置多个分控中心，可由总控制中心统一管理，也可由分控中心局部管理，实现整套网络广播系统的背景音乐、业务广播、应急广播等多种功能的分级管理。

取得消防部门CCCF（公安部消防产品合格评定中心）认证的背景音乐广播系统可以作为火灾报警时的应急广播使用，这样就可以把火灾报警系统的应急广播和背景音乐广播融合成一套系统使用。在消防控制室安装遥控话筒，可兼做火灾报警的应急报警广播，所有系统向火灾自动报警系统供货商无条件开放接口、协议。背景音乐系统的主要作用是掩盖噪声并创造一种轻松和谐的听觉气氛，扬声器分散均匀布置，无明显声源方向性，且音量适宜，不影响人群正常交谈。背景音乐的音量应高于现场噪声3dB。公共广播系统可以起到宣传、播放通知、找人、定时播放等广播作用。该功能要求业务广播系统的声场强度略高于背景音乐，以使工作人员能够清晰准确地听到业务广播。系统采用音频矩阵，平时可在公共区域定时播放背景音乐，发生紧急情况时，兼作事故广播使用，指挥疏散。系统设计时应考虑使用场所的特性、噪声水平、空间大小高度，并根据扬声器的扩散角度、声压等级和额定输入功率，确定扬声器的数量。

系统基于TCP/IP协议（传输控制协议/网络协议）的全数字网络广播系统，可利用已有计算机网络搭建或单独布设广播专用网络。整套结构组成简单，包括服务管理软件、IP网络话筒、IP音频接口单元、IP功放、IP音箱等。系统采用4路音频总线的矩阵系统，能实现至少16路音频输入、80路音频输出、128路控制输入/输出的能力，且系统的构成设定及参数设定均应通过相应电脑软件实现。系统可扩展至1000个终端回路，且广播并发通道数不受限制，实现真正意义上的全数字矩阵广播。系统具有自动故障检测功能，可对所有IP终端的在线状态、IP功放故障状态等进行实时监测并显示在管理软件上。在加入相应带输入控制的音频输入模块后，可通过接驳电话交换机、扩音对讲交换机、无线对讲主机，实现对电话、扩音对讲和无线对讲的连接。

广播系统是全厂在发生重大事故时的重要逃生指挥手段之一。它需要与安全集成平台进行高度集成，可实现全厂安全预案有效执行。

六、电话系统

（一）概述

此系统包括行政电话系统、生产调度电话系统、电力调度电话系统，三套系统独立设置互不连接。从近年的地铁系统的案例中，已经将三套电话交换机设置为一套行调合一的软交换系统。此系统支持虚拟分群，系统将行政电话、生产调度电话、电力调度电话虚拟成三套独立的系统工作，可实现功能共享，统一网管。

（二）供应商品牌

塔迪兰、优力飞、远东通信。

（三）建设费用

供货商预估费用在300万元以内。

（四）建设周期

20天。

（五）详述

行调合一软交换系统采用集群1+N主备份工作模式,所有软交换服务器(含软件授权、信令、媒体、应用等功能)完全一致,多台服务器可以异地部署,形成负荷分担、冗余控制,构成异地容灾备份,加强系统可靠性及稳定性。当主用中心的系统出现故障时,备用中心立即接替整个系统的通信服务,已接续的通话不会中断。系统采用一体化设计,每台软交换服务器均可备份所有通信服务和应用数据,对语音会议应用和管理,不再需要单独的系统服务器。调度电话系统可以与生产现场的扩音对讲系统、数字集群无线对讲系统、背景音乐/应急广播系统通过开放接口协议,实现对这三个系统终端的群组喊话。

系统通过自身特有的虚拟分群功能,将行政电话、生产调度电话、电力调度电话虚拟成三套独立的系统工作。三套系统之间独立设置、互不连接。系统由行调合一的软交换服务器、中继网关、语音网关、触摸屏IP调度台、按键式IP调度台、视频终端、录音系统、网管及网络交换机等设备组成。

1.电话交换功能

内部呼叫和出入局呼叫;内部的任意两个自动电话用户间能进行相互呼叫,可设置任意自动电话开通热线服务业务,实现与指定话机的直通呼叫;对市话局的自动呼入呼出,国内国际长途人工、自动呼入呼出,以及话费立即通知性能;将"119"(火警)、"110"(匪警)、"120"(救护)特种业务呼叫自动转移至市话局的"119""110""120"上;所有网内用户均具备来电显示功能。

电话用户终端功能

来电显示	静默监听	话机呼入闭锁
免打扰	防止静默监听	话机呼出闭锁
呼叫保持	号码重拨(内线、外线)	路由自动迂回
呼叫转接	强插	闹钟服务
呼叫等待	强拆	追查恶意呼叫
呼叫转移	防止强插	三方通话
遇忙转移	用户代答	遇我电话会议
无应答转移	群代答	临时会议
时段转移(夜间服务)	主管群	固定会议群呼
呼叫驻留	寻线群	会议增删成员
呼叫跟随	内部专用群	入住/退房房态指示

忙线预约回叫	自动呼叫排队分配（ACD）	系统留言
无应答预约回叫	公共缩位拨号	留言指示
立即热线	私有缩位拨号	音乐等待
延迟热线	主从服务等级	音乐保持
电话加密	密码切换服务等级	呼出限制

2.触摸屏及按键式调度台功能

调度台可以实现选择用户、呼叫、转接、应答、群答、拆线、呼叫保持、加入会议、踢出会议、返回、双工和单工、组呼、拆组、强插、登出、登入、液晶显示等功能。

3.录音功能

录音系统采用IP录音方式，可提供多通道通话全程实时录音功能；可按时间、通道或通道分组设定启动录音条件。

4.计费功能

具有市话、国内及国际长途使用权限用户的通话进行计费，可实现定期、立即和脱机计费功能；应能按会话时长计费、按流量计费或组合计费。输出各种（如月报、季报、年报及特殊需要）费用统计报表，并可满足因国家通话费率调整而做相关调整。

5.网管功能

网管系统可软交换所有部件的管理，能够方便通过网管来开展各种业务，提供对接入网关的管理，所有系统的维护和管理均要提供Web配置等。

调度电话系统与安全集成平台需有效集成，实现从语音指挥到数字化指挥的转变。

七、无线对讲系统

（一）概述

如果厂区面积较大，为了能够实现统一管理调度，满足单呼、组呼、自由编队、遥毙、与有线电话连接等通信需求，需建立一套数字集群通信系统，无线对讲系统已经由以前模拟对讲发展为现在的数字集群系统。与以前的模拟对讲相比，终端之间通话声音更加清晰，通话内容更加保密。

（二）供应商品牌

摩托罗拉、海能达。

（三）建设费用

以无线终端数量800台计算，自建无线专网、基站、室内信号覆盖（按照10个需室内信号覆盖的区域计算），整个项目大概需要900万元。

（四）详述

数字集群通信系统是多用户、多部门共用一组无线信道，并动态管理和使用这些信道的专用移动通信系统。该系统主要用于指挥调度通信，优势在于能在大范围无线通信时快速反应、多级调度。集群系统主设备安装在综合楼内，集群系统基站可与控制中心安放在一起或分开安放。在中央控制室和钢结构屏蔽室内，可采用直放站设备以延伸覆盖范围和进行信号补盲。对讲机按照用途可以划分为两大类：一类是保安用对讲机，另一类是生产管理用对讲机，配备给各巡检岗位。所有对讲机均采用防爆型设备，并配有耳麦和拇指开关。整个数字集群系统具备组呼功能、个呼功能、全双工免提通话、紧急报警、数据传送、遥毙等通信功能。可以自由设置分组，高优先级可以强插、强拆低优先级的通话；终端可以传送、接收短信指令、图片等。无线对讲系统可以与生产现场的扩音对讲系统、电话系统、背景音乐/应急广播系统通过开放接口协议，实现对这三个系统终端的群组喊话。

八、火灾自动报警系统

（一）概述

火灾自动报警系统采用二总线智能可寻址系统。火灾报警控制器通过总线方式联网，形成全厂性火灾自动报警系统。系统网络采用无主从对等式单模光纤环网结构。火灾报警系统与视频监控系统、消防广播系统（背景音乐广播系统）、扩音对讲系统、门禁系统应能通过通信方式连接，而非干接点方式，需要定制开发火灾自动报警系统与视频监控系统、应急广播系统、进出口系统联动的协议转换软件。

（二）供应商品牌

诺帝菲尔、西门子、爱德华。

（三）建设费用

火灾自动报警系统主要是指消防中的电设备，不包括水设备。按照现场探测器3000台（包括防爆和非防爆）、感温电缆15000米、手报1000个、模块600个的数量,供货商给出的预算在1500万元以上。

(四)详述

全厂火灾自动报警系统由火灾报警控制器、感烟探测器、感温探测器、手动报警按钮、感温电缆、声光报警器、防爆手动报警按钮、火焰探测器、防爆声光报警器、输入模块、输入输出模块、图形工作站等组成。

火灾自动报警系统采用二总线智能可寻址系统。火灾报警控制器通过总线方式联网,形成全厂性火灾自动报警系统。系统网络采用无主从对等式单模光纤环网结构。火灾报警网络为环形网络,每一台控制器是网络上独立的节点,任意一个节点发生故障不影响其他节点正常的火灾报警及联动。火灾报警系统网络的联网功能,采用4芯单模光缆应能达到64个节点。

火灾自动报警系统与视频监控系统、广播系统(背景音乐广播系统)、扩音对讲系统、进出口系统应能通过通信方式连接,而非干接点方式,需要定制开发火灾自动报警系统与视频监控系统、广播系统、门禁系统联动的协议转换软件。火灾自动报警控制器配置RS232通信接口,提供与其他第三方系统的通信能力;火灾报警系统可以和大屏系统、视频监控系统联动显示报警列表、现场即时视频,可以回看历史录像回放处置过程分析火灾原因;根据警情大小自动向不同级别领导发送信息,和电子地图系统联动显示报警点,并通过人员定位系统向最近人员发出前去处理的警报。

火灾自动报警系统应具有灵活的现场编程功能。既可在控制器上直接编程,也可通过计算机快速编程。通过编程,定义输入输出及逻辑运算,可实现联动控制功能,确保在火警时系统能有效实现一系列联动控制。火灾报警控制器内应包括微型处理器(主CPU应为32位)、存储器、液晶显示屏、指示灯、按钮、直流电源和打印机等。火灾报警图形管理终端能管理全厂火灾报警信息。所有火灾报警信号、故障信号及控制信号均应通过火灾报警系统网络在特定的节点上实现实时显示。

火灾自动报警系统属于安全集成平台安全系统构成的重要部分之一,需要与安全集成平台进行高度集成,通过集成平台统一管理警情,并与其他视频监控系统、门禁系统实现联动。

九、扩音对讲系统

（一）概述

扩音对讲系统作为可满足生产现场之间和生产现场与控制室之间的通信系统，要求能适应恶劣的（包括防水、防尘、防爆、耐腐蚀、抗噪声）现场环境。其优于生产现场防爆电话的方面主要在于能克服现场噪声的干扰，可进行有效的、清晰的点对点、点对群组、群组之间的通话。扩音对讲系统可以与数字集群无线对讲系统、电话系统、背景音乐/应急广播系统通过开放接口协议，实现对这三个系统终端的群组喊话。同时，和现场话站配套的扩音设备也可兼作为应急广播（火灾报警和气体泄漏报警）使用。

（二）供应商品牌

波通、音达斯超尼克、科盟。

（三）建设费用

按1000个话站预估，整套系统造价在1500万元左右。

（四）建设周期

供货周期：60天；电缆敷设及设备安装周期：35天；系统调试开通周期：15天。总共110天。

（五）详述

本系统是一个以全数字化通信技术为核心，向多种网络协议和通信协议开放的现代化通信系统，可以提供语音、视频、数据多业务融合的解决方案，具有多样化信息终端的接入能力，是集对讲调度、自动广播、集群无线对讲接入、电话接入、视频接入、即时消息推送、GIS（地理信息系统）信息联动和第三方SDK等功能于一体的智能化信息平台。

系统采用"分散控制、集中管理"的网络架构，根据设备地理位置分布和通信对讲功能要求，在不同的装置区内设置多台全数字网络化主机。每台主机既可以独立工作，也可以通过TCP/IP协议，以光纤互联的方式和其他主机组网工作。系统独立成网，具备网络自愈功能。

每套主机均配置一台主机柜，所有主控设备（中央处理器、用户板卡、接口卡、UPS电源、直流电源、集中功放和扬声器分组设备等）包括配线和电源均安装于机柜内。每台话站和主机之间采用星型通信架构，通过2对双绞线连接。广播扬声器通过2芯广播线和集中功放连接。为了减少施工量,系统采用大对数电缆传输方式,即采用集中传输、现场分线的方式。台式话站安装于操作台上,防风雨和防爆话站可墙挂或立柱式安装,扬声器安装在话站附近。电缆在敷设时留有余量,当系统需要扩容时,只需要增加用户板卡和话站即可。现场提供220V或380V交流电源,主机和话站采用安全的低压直流电供电方式。

系统的主要设备包括:系统主机、中心主控话站、台式话站、防风雨话站、防爆话站、扬声器、集中功放等。主机、话站均采用全数字化通信设备。集中功放采用D类数字功放,具有低能耗、高效率和长寿命的技术特点。任何话站都可以独立工作,当其中某话站出现故障时,其他设备都不受影响。所有现场话站、扬声器和附件都满足现场防水、防尘、防腐蚀要求,防爆区域内的设备满足气体及粉尘防爆要求。

系统采用智能化自动检测和故障自动报警技术,主机CUP板卡、电源板卡、用户板卡、接口板卡、话站、功放、通信线路、广播线路、UPS电源、直流电源、机柜温度等均在智能化检测范围之内,一旦出现故障,故障信息(包括设备名称、地理位置、故障内容)不仅可以在设备上显示,而且可以被发送到指定的信息化显示平台、主控话站、集群对讲机或者智能手机上,实现故障信息自动推送功能。

系统具有一键呼叫及广播、全双工/半双工通话、点对点/点对组/点对全呼叫及通话、优先级通话及广播等专业对讲广播功能,配备集群对讲系统接口、电话系统接口、报警接口、广播接口、录音接口等多种第三方系统接口。集群对讲机和电话机可以和所有话站实现选择呼叫、双向通话功能。系统配置256种可修改的报警音/预录音,通过与火灾自动报警系统的信号接口,实现全厂/分区的手动或自动联动报警功能。系统配置的录音接口可以对系统内所有话站的通话和广播内容进行录音,语音存储时间不少于2万小时。

系统采用多通信总线的技术,具有N/2的数字通信通道(N为话站总数),实现全网无阻塞通信。所有对讲通信功能、广播分区功能和接口配置均可通过软件操作方式实现,无需修改硬件和线路。

现场话站采用数字化抗噪技术和广播音量控制技术,保证可以在115dB的高噪声环境内实现清晰的双向对讲通话效果,并保证扬声器的声压级保持在高于环境噪声6dB的水平。话站在使用时,就近的扬声器自动静音,以避免自激啸叫。

十、计算机局域网系统

（一）概述

计算机局域网系统负责厂区各类终端的有线和无线接入，网络采用成熟的结构化系统，选择Internet/Intranet（互联网/内联网）标准的通信协议族TCP/IP，作为架构整个网络体系结构的核心协议。以核心交换机为中心，采用国际标准的分级星型网络拓扑结构，分为核心层、汇聚层和接入层三层，机房设置核心交换机，通过堆叠保证核心层高可靠，每个厂区设置汇聚交换机，保证整体网络的可扩展性。系统按照"万兆骨干，千兆到桌面"模式建设，万兆交换式以太网为主干结构，千兆光纤呈星型辐射向接入层，千兆网络至终端，构成内部局域网络。

（二）供应商品牌

华为、新华三。

（三）建设费用

500万元。

（四）建设周期

根据集成商进度而定。

（五）详述

整体网络逻辑上分为两张网，分别为办公网和设备网，采用核心汇聚到接入的三层网络架构。按功能分为核心交换区、DC（数据中心）区、接入网络区、网络管理区、安全出口区，以下为业务网各功能分区详细设计。

1.核心交换区

网络核心区作为整个网络的数据交换核心，配置两台高性能、核心万兆线速路由交换机，下行万兆光纤连接接入交换机，形成万兆无阻塞线速转发骨干网。

核心交换机设备采用多级交换架构，即采用独立的交换网板卡，可以为设备提供扩展的交换容量，多块交换网板同时分担业务流量；控制引擎和交换网板硬件相互独立，并且配置冗余电源和冗余风扇，最大程度地保障设备可靠性。

两台核心设备通过虚拟化技术，若其中任何一台核心交换机或核心交换机上的板卡出现故障，正常工作的核心交换机能够立即接管故障核心交换机所有交换工作。在两台核心交换机都正常工作时能够对接入交换机转发过来的数据流量进行负载均衡，两台核心交换机同时承担核心网络数据交换工作。

为了简化网络部署,简化网络管理,并提升故障恢复的速度,核心和各个功能分区建议采用虚拟交换架构技术。两台核心交换机虚拟成一台逻辑交换机,通过跨设备链路聚合与汇聚层设备互联。

2.网络接入区

汇聚交换机采用双链路万兆上行与核心交换机互联,各个配线间接入设备需要具备万兆上行能力,以满足万兆骨干网组网需要。同时,汇聚设备作为楼宇业务接入可靠性的关键节点,采用模块化双电源、双风扇的设计,以避免部件的单点故障。模块化设计,便于进行备件的快速替换。

本次汇聚设备需要具备虚拟扩展局域网(VXLAN)功能,与园区核心管理平台(SDN)控制器(Director)配合完成内外网业务的自动化隔离、策略随性、IP地址与用户名绑定等功能。

网络接入区物理上为一套物理承载网络,通过软件定义网络(SDN)和网络虚拟化(Overlay)技术逻辑为多张专网。接入区按接入方式分为有线网接入及无线网接入两部分。

3.安全出口区

防火墙等安全设备主要部署在园区网的两个常见区域中:园区网出口区域(采用多业务安全网关方式)和服务器区域(采用服务器汇聚交换机安全插卡方式)。在园区网出口区域部署安全设备可以保障来自Internet与互联单位的网络安全性,避免未经授权的访问和网络攻击。在服务器区域部署安全设备可以避免不同服务器系统之间的相互干扰,通过自定义安全策略还可以提供更详细的访问机制。

4.网络管理区

网络管理区部署无线控制器(AC)及园区核心管理平台(SDN)控制器。

通过SDN控制器实现对网络的自动化上线、接入管理、用户组/策略管理、业务配置管理、网络运维管理等,并且全部功能在控制器上均可以通过直观的图形化界面完成,将管理员的操作在后台转化为网络设备的具体命令并下发给设备执行。

十一、大屏系统

(一)概述

大屏系统可以由液晶拼接墙组成,也可以是LED整体屏。液晶拼接墙的

LCD单屏为55英寸、分辨率为HD：1920×1080，显示单元的分辨率叠加可获得超高的分辨率的拼接显示墙，形成一套功能完整的用于运行、控制、管理的大屏幕显示系统；各种生产信息及安全监控信息等能以实时、直观、灵活、多样的方式显示在大屏幕显示墙上。这能帮助运行管理人员高效地组织及处理各种信息，在应急情况下能快速综合资源并进行有效反应，为运行管理人员创造一个高效直观的显示环境。

（二）供应商品牌

海康威视、大华、洲明、利亚德、三思。

（三）建设费用

如选择1.7/1.8mm的窄拼缝且屏幕亮度值为700cd/m²的工业屏，那么LCD拼接屏的报价在1000万到2000万元左右，加上后端拼接处理器，那么总体价格2000万到3000万元。如果选用3.5mm的宽拼缝，那么屏幕的费用可下降20%左右。LED屏的造价与LCD接近。

（四）建设周期

卖方保证在与用户的设备合同技术签署后12周内将相应设备运达买方指定地点。在用户现场具备开工条件后的8周内完成所有设备的安装调试工作。在设备调试完成后，用户将进行为期60天的系统试运行，试运行结束后完成此系统的验收工作。

（五）详述

大屏系统是生产指挥中心和安防中心进行实时业务监控指挥的核心系统，因此需要一个完整的监控指挥与音视频呈现系统，系统能将各类信号与信息同步、实时的显示。大屏系统由显示单元系统、图像控制系统（含外部图像拼接控制器、图像控制软件）及相关外围设备（框架、底座、线缆、大屏幕安装等）等子系统组成。配置电源管理系统，支持外部冗余电源，可由机柜的远程电源管理系统进行48VDC低电压供电；可以自动进行亮度、色彩调整，保证整屏长时间的亮度、色彩一致。校准过程应在后台进行，不干扰显示屏的正常使用；具备防屏幕烙印（灼伤）技术，具有定时启用残像去除功能，时间可调整，并可通过网络远程设定。

从信息技术上来讲，对于大屏系统应具备以下功能特性：

与现有的各类环境监测系统、指挥调度系统、视频监控系统等各类子系统进行联接集成，具备XX路复合视频信号、XX路的计算机信号同屏实时显示能力。

可根据业务需要,在大屏幕上任意切换显示监控系统上传的监控视频图像及计算机应用系统图文信息,且每个单屏具备多个直通信号的硬件实时同步显示能力。

系统应支持完全用户自定义的各种单屏、跨屏以及整屏显示模式,利用多图层显示可实现多路视频信号窗口的缩放、移动、叠加、漫游等功能,并支持自定义的预案显示。

系统可通过单一的控制终端(PC机)利用图像输出控制软件对整个电子屏幕显示墙进行信号切换、图像控制操控。系统可实现对大屏幕拼接屏、监控视频、信号控制等设备的集中管理。

系统采用外置图像处理系统作为信号控制的主要手段,配合网络控制切换设备实现对各监视信号、计算机信号和网络信号等的显示与控制。

系统应支持TCP/IP等标准传输协议,可随时抓取网络计算机的图像。

系统应支持Windows、Unix/Linux操作系统,适应不同工作环境。

为了提高指挥中心硬件设施对环境监控业务的全面支撑,整套系统必须具备较强的信号显示集成能力,以保证较高的图像显示质量,无延时和丢帧现象。同时,图像处理系统应具有备份冗余能力,以提高系统的可靠性,满足中心7×24小时运行的要求。

十二、人员定位系统

(一)概述

系统可实现厂区内人员与车辆实时定位,访客登记、实时位置监管,并可对各区域实时人员车辆进行数量统计,除此之外该系统还可配合实现对厂区在岗员工的出勤、任务执行、岗位坚守(是否脱离岗位、串岗)、非法进入禁令区等行为的有效控制,同时在出现生产事故救援应急演练时,能够为救援人员提供人员疏散、救援指导。

(二)供应商品牌

直趣、航飞、新锐。

(三)建设费用

预计500万元以上。

（四）建设周期

6个月。

（五）详述

系统可对门禁、道闸、考勤、人脸识别、人员定位、车辆定位等系统进行整合，实现一卡通。系统可对所属的人员、车辆进行分级管理，如按照单位、班组等属性，能查看人员或车辆的实时位置、历史轨迹。系统可实现与第三方人脸识别系统联动，杜绝员工卡片遗失或被盗后不法分子持员工卡混入厂区进行破坏活动。系统可对外来访客进行登记，实现全电子化登记，绑定身份证信息、人脸信息，杜绝持假身份证、非本人身份证的不法分子混入厂区。并对访客在厂区内活动情况实时定位，并可调阅所有活动轨迹。系统也支持对特定人员如外协厂商的人员或临时访客进行登记，在授权发放访客卡的同时，授权其允许活动的区域或授权进出的门禁系统，在其进入不允许进入的重要区域时系统能实时报警提示。对工厂进行网格化的管理，通过定位，对人员与车辆进行实时跟踪，能够实时了解查看员工与车辆所在位置，提高安全管理级别。日常生产时，能够通过中控室的大屏幕，在电子地图上实时动态掌握各区域的人员车辆分布情况，从而在发生危险情况时，可根据所处事故区域内的人员、车辆的实时状态（人/车数量、类型）进行应急指挥处理，制订最佳的安全逃生方案。厂区人员在紧急撤离时，可以精密统计出人员和车辆进出情况，同时所有人员及车辆的实时动态数据都可以在电脑终端或电子地图上进行实时显示。

人员定位系统是全厂安全的重要组成部分，该系统依托进出口控制系统集成到安全集成平台内，实现"平时"对在厂工作人员的岗位管理，"战时"可以为应急救援工作提供在厂人员的具体位置、人员数量等实时信息，方便救援人员准确、及时展开救援。

十三、海洋环境监测系统

（一）概述

该系统主要包括海上浮标在线监测站、覆盖主要污染物和特征污染物的岸基在线监测站以及数据中心，可实现对主要污染物和特征污染物的实时在线监测。同时集成在线监测站监测数据进入标准化数据库，实现与北海区海洋环境实时在线监控系统数据同步，并兼顾考虑开发移动应用端，实现实时接收、公众发布等移动应用功能。

（二）供应商品牌

深圳市朗诚科技股份有限公司。

（三）建设费用

预计在2000万元左右。

（四）建设周期

6个月。

（五）详述

1. 建设方案

主要包括浮标在线监测站建设、岸基在线监测站建设和数据中心建设。实现对主要污染物和特征污染物的实时在线监测，同时集成在线监测站监测数据进入标准化数据库，实现与北海区海洋环境实时在线监控系统数据同步，并兼顾考虑开发移动应用端，实现实时接收、公众发布等移动应用功能。

2. 建设原则

严格按照《近岸海域水质浮标实时监测技术规范》《海洋观测浮标通用技术要求（试行）》《陆源入海污染源岸基在线自动监测站建设技术指南》《入海河流岸基在线监测站建设技术指南（暂行规定）》和《入海排污口岸基在线监测站建设技术指南（暂行规定）》等国家海洋局在线监测相关规范及系列文件要求进行建设，同时在线监测数据传输应符合《北海区排污口（河）在线监控（监测）系统数据传输细则》要求，按照以下原则进行系统建设。

统一海上浮标在线监测站建站模式：浮标标体采用高强度弹性聚脲弹性体材料制作，颜色采用标准黄色，表面清楚喷绘建设单位名称及联系方式等重要信息；水下部分为圆桶状，标体中间填充有发泡剂，太阳能板内嵌在浮体中；浮标体中间是电子仓，可放置所有的电子模块、电池和电源管理系统；电子模块安装在特殊设计的防溅隔离盒内，防水等级要求达IP68。

统一的在线监测站建站模式效果图

统一岸基在线监测站建站模式：首选已有站房，在已有站房基础上改造成统一的风格、外观、形象等，统一岸基在线监测站整体颜色基调，标识明显LOGO（商标），确保不同层次的人到现场附近，均能明显识别在线监测站为海洋部门所属。

统一主要参数和数据格式：对在线监控设备的身份识别信息、状态控制指令、数据文件格式、数据项编码等关键内容进行规范，确保在线监控"集中管理、规范传输、统一标准"。

统一质控与评价方法：建立陆源入海排污口浮标和岸基站在线监测系统的质量控制体系和评价体系，确保在线监控数据质量，提高陆源污染物排海监测的技术支撑能力。

3.总体框架

海洋在线监测系统主要由浮标在线监测系统、岸基站在线监测系统组成。项目总体架构设计上采用物联网模式构建，分为三个层次，分别为现场设备数据采集控制层、通信传输层、中心监控层。

现场设备数据采集控制层：建设内容主要为岸基和浮标在线监测系统，包括水站仪器仪表集成及系统集成、动力环境监控系统建设、视频监控系统建设。该层实现水质监测数据、仪器设备状态数据、报警数据以及环境动力指标数据的采集，实现自动站与中心端的联网接入，以及自动站的反向控制。

通信传输层：该层的建设内容主要包括有线和无线通信链路的建设。

中心控制层：中心控制层主要建设内容包括控制中心硬件设备和中心管理控制系统。其中中心管理控制系统实现各子站地表水监测数据的远程采集、存储、审核、交换、分发、汇总、评价、分析、应用、发布、上报以及对各监测子站的远程控制。

项目架构如下图所示：

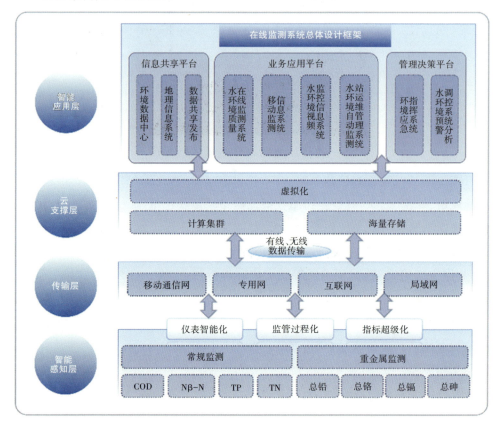

项目架构图

4. 海洋在线监测系统

(1) 浮标在线监测系统

浮标在线监测系统是以浮标为载体，集成化学、光学和生物传感器，可现场自动采样分析，实现数据采集、分析、记录及传输、预警分析等功能。所有监测因子通过北斗卫星通信传输到监控中心，也可在现场实时读取。系统运行可靠稳定、维护量少，可实现实时在线监测及无人值守。系统包括浮标体、数据采集器、安全系统、浮标检测仪、监测传感器、通信系统、供电系统、锚系、视频监控设备数据接收中心等组成部分。

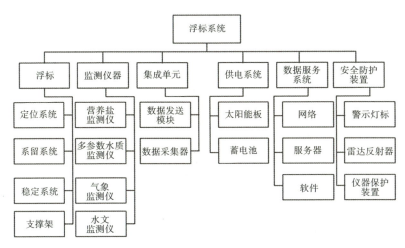

浮标在线监测系统总体组成

浮标在线监测系统所搭载的传感器包括多参数气象仪、多参数水质分析仪、能见度监测仪、营养盐分析仪、水中油监测仪、波浪监测仪和海流监测仪，可监测气温、气压、风速、风向、湿度、降雨量、能见度、剖面流速、剖面流向；波高、波向、波周期、水温、pH、溶解氧、电导率（盐度）、浊度、叶绿素、硝酸盐、亚硝酸盐、磷酸盐、氨氮、水中油等海洋气象、水文、水质参数。

浮标监测传感器照片

（2）岸基站在线监测系统

岸基陆源入海污染物自动监测系统是一套以在线自动分析仪器为核心，运用现代传感器技术、自动测量技术、自动控制技术、计算机应用技术以及相关的专用系统管理分析软件和通信网络所组成的综合性在线自动监测系统。具体包括以下功能：

①排污入海河口水质自动监测。实时监测排污河流入海口主要水质参数包括：水温、盐度、浊度、pH、溶解氧、浊度、氨氮、硝酸盐、亚硝酸盐、磷酸盐、总磷、总氮、高锰酸钾指数等。

②排污入海口流速流量监测。实时监控排污入海河流的流速、流量，掌握排污量。

③排污状况视频监控。通过视频监控系统在线监控入海排污口的排污状况。

④数据自动传输与远程控制。实现监测各项数据的实时采集、处理和传输以及监测过程的远程控制。

岸基陆源入海污染物自动监测系统主要由分析仪器、采水系统、配水系统、预处理系统、控制系统、数据采集/处理/传输系统、信息安全设备、辅助系统、动力环境监控系统、防雷设备、视频监控系统等部分组成。

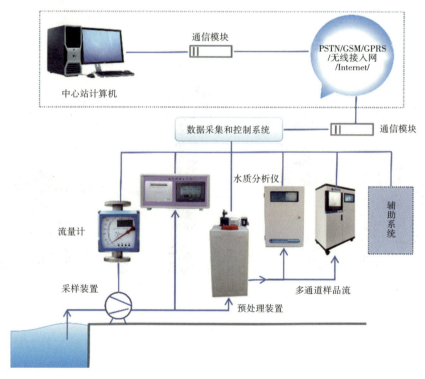

岸基陆源入海污染物监测系统组成

5.数据中心

根据海洋在线监测系统所配监测设备和监测参数,为本项目建立专用数据模型和应用服务平台,进行精细化功能拓展和定制开发。整个平台包括系统管理模块、评价预警模块、信息发布模块、数据共享模块等,各个平台之间相互联系,保持数据及产品流通,兼顾实现实时数据接收、管理、运用和发布等。同时开发移动应用端,便于信息查看和管理。

海洋环境在线监测系统页面展示图与客户端展示图请扫描以下二维码查看。

第二节　数字资产平台(DAP)

数字资产平台(DAP),又称数字化交付平台,承接智能设计软件设计的数字成果,包括智能PID设计、智能3D设计、智能电气设计、智能仪表设计成果等,也承接其他结构化或非结构化的工程数据,包括工程项目管理软件数据、施工方的施工表单、监理方的监理资料,也包括设备供应商的设备资料数据等。它是工厂建设维度的全息数字数据库。

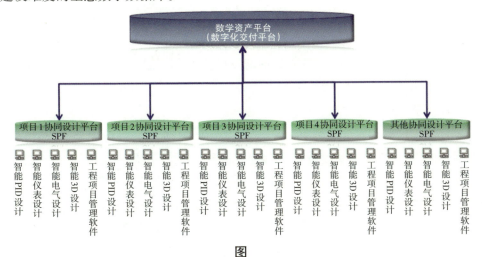

图

一、概述

数字资产平台是工厂唯一、真实、完整的数据资产仓库和工程建设数据存储及应用平台,数字资产平台对智能工厂建设具有承上启下的重要作用:对前可承接项目建设期的工程项目数据成果;对后可支撑工厂运营维护期的业务应用需求;对下具备对现有和未来发展的基础设施的兼容性;对上支撑企业级数据挖掘、分析和辅助决策。

二、供应商

鹰图公司。

三、建设费用

总费用在1000万左右。

四、建设周期

24个月。

五、详述

(一) 实施数字化交付的必要性和意义

2017年9月3日,习近平总书记在金砖国家工商论坛开幕式的讲话中指出"要把握新工业革命的机遇,以创新促增长、促转型,积极投身智能制造、互联网+、数字经济、共享经济等带来的创新发展浪潮",更加坚定了我们实施智能工厂和数字化建设的信心和决心。

1.数字化交付是智能工厂建设的基础

智能工厂必须首先是数字工厂,数字工厂的数据,第一步来自多家设计院的数字化的设计,然后是数字化的工程建设信息,按照一定规则交付到一个数据平台上来,这个数字化的交付平台是建设智能工厂的数据基础平台之一。

数字资产平台与HSE平台、生产管理平台(MES)、企业资源计划平台(ERP)平台共同组成最重要的四大数字化基础平台,整合从工程建设、生产维护到经营运行全维度的数字化信息,为最终实现"卓越运营"的智慧工厂打下坚实基础。

2.数字化交付的意义

数字化交付对工厂运营具有巨大意义。一是可以提高运维效率、降低运维风险。数字化交付要求设计使用统一的规则和标准，达成了对于真正"竣工"信息的有效管理；形成了数字化资产信息管理的标准模型，并可不断扩展，可以方便更新，使之与现场装置始终一致；形成了一个用于管理系统集成商和数据服务商的技术标准，为今后带来运维效率的巨大提升和运维风险的大幅降低。二是可支持智能工厂应用，有助于快速建立工厂资产数据仓库，与工厂运行数据和经营数据互为补充，形成智能工厂应用的完整数据基础。三是加快信息检索。通过数据的关联和文档的链接，减少"搜索时间"，与电子档相比，通常可节约操作人员90%的时间，可以有效提高已建工厂运维、技改和变更效率。

3.数字化协同设计的意义

数字化协同设计是指以智能软件设计为基础，通过建立标准的设计管理程序，并采用统一的基础数据库来开展多专业多部门的协同设计。多专业共享唯一来源的设计数据，可大大提高数据传递质量，在数据关联过程中没有不一致的问题，大大提高了数字化交付的效率，降低了交付的难度。此外，数字化的设计，特别是智能3D设计，在建设期可有效提高项目建设质量和进度。

一是设计信息完整度高。在智能3D图中包括设备、管道、结构、土建、电气、仪表、暖通、支吊架等专业的3D信息，智能3D的信息量远多于传统CAD的设计，设计信息完整度很高。二是设计质量得到提高。智能的一体化设计平台、多专业共享的唯一数据源，以及多种规则驱动的智能审查手段、全信息完整的3D浏览检查，可以有效避免设计错误，大幅提高设计质量。三是实时完整的3D设计信息可实现"设计图纸的现场化"，非常便于业主在设计阶段提前开始"三查四定"。如审查通道、爬梯、护栏、平台是否符合安全性要求，甚至可以输入标准规范的规则，自动检查不符合项。另外，非常便于业主提前检查仪表、设备、内件是否具有检修空间，阀门是否操作方便，螺栓是否可以拆装，设备吊装、运输通道是否合理；甚至消防水泡是否有遮挡等等问题，都可以在设计工程中解决，大幅减少业主变更数量。与传统的CAD设计相比，设计变更量可减少95%以上。四是精准的工程材料统计可实现"定尺采购"，有助于控制工程费用和进度。包含各个专业3D设计信息使得材料表极为精准，通常可减少1%至5%的材料费用。精准的材料还有助于减少材料误差引起的工程延误，对工程进度的加快也大有益处。五是完整的3D设计信息有助于施工队伍有效识别安装的先后顺序,合理安排采购和施工计划,使得工程计划更加合理紧凑,设备进场、机具进场、人员安排更加科学,有效避免窝工、返工的发生。这对工程按计划顺利进行、有效控制计划外费用非常有意义。完整的3D设计信息还可以模拟吊车的吊装过程,这对控制大件安装时间和费用大有帮助。

数字资产平台在国外项目已实施多年,在国内项目中,电力、核能项目案例较多,石油化工项目仅中海壳牌曾成功实施过,国内正在实施或计划实施的项目包括神华宁煤二期、中沙聚碳项目、烟台万华乙烯项目等。数字化交付前期准备工作量大,时间较长,需要提早准备,在详细设计开始前必须完成相应准备工作,否则要么会耽误设计时间,要么只能放弃数字化交付。

(二)数字化交付方案对比

数字化协同设计包括5个基本模块,即材料管理、智能P&ID、电气、仪表、三维设计模块。鹰图、剑维、西门子三家软件商的交付平台都能满足技术要求,且有实施业绩。

鉴于数字化协同设计软件与数字资产平台软件可以由不同的软件商提供,以及交付过程也可以不同,故提出四种交付方案:

方案一:业主购买并搭建统一设计及交付平台,各EPC(工程总承包)供应商在业主平台进行设计,最终设计资料和工程建设资料通过平台交付。

方案一业主获利最大,因为数据库由业主建立,多家设计院的设计风格、标准、深度高度统一,移交较为容易,未来数字工厂使用效率最高。另外可获得全部设计成果和知识产权,业主可以方便进行更新改造,数字工厂始终保持最新状态。但方案一需要业主有足够的经验,否则容易因为维护数据不力影响工作效率。另外,业主还需要有充足的建设模型库的时间,视业主经验,从几个月到3年不等。目前来说时间风险、能力风险、管控风险都较大,成本也较高,目前不宜采用,但未来可以考虑。

方案二:业主购买平台,设计院协助业主统一平台,各EPC供应商在业主平台进行设计,最终设计资料和工程建设资料通过平台交付。

方案二与方案一类似,全部设计成果由业主与设计院共有,技改技措及未来设计工作设计院都可以参与,此方案对设计院也非常有意义。另外让其他设计院拿出全部设计成果的阻力比较大,对大的EPC承包方来说,方案二只能作为争取方向,一些规模小的设计院可以考虑这种方案。

方案三：统一设计软件、统一种子文件，统一设计和交付软件品牌，各EPC独立设计建设，分别交付。目前针对其他院情况推荐方案三，因为软件品牌统一，可以采用某设计院已有成熟的数据库形成种子文件，以此约束各个分设计院采用相对统一的标准来进行设计，设计质量容易保证，前期准备工作量相对较少，移交过程相对容易。

方案四：业主指定设计软件名录，EPC选用一种，采用统一规定，独立设计，分别交付。

方案四前期准备较容易，对设计院约束少，影响小，但因设计软件品牌不同，交付一致性、兼容性较难保证，可能导致后期工作量增加，数据不完整，未来更新困难。

（三）符合标准情况

数字化协同设计与交付平台软件符合ISO 15926等国际主流的智能数据标准，为智能拓展应用打下坚实基础。

1. ISO 15926石油天然气生产设施生命周期数据集成标准

2. ISO 10303产品模型数据交换标准；GB/T 16656产品数据表达与交换标准

3. ISO/IEC 11072信息技术·计算机图形·计算机图形参考模型

4. ISO 14224石油、石化和天然气工业设备可靠性和维修数据的采集与交换

5. GB/T 50609-2010石油化工工厂信息系统设计规范

6. GB/T 50549-2020电厂标识系统编码标准

7. GB/T 18975.1-2003工业自动化系统与集成 流程工厂（包括石油和天然气生产设施）生命周期数据集成 第1部分：综述与基本原理

8. GB/T 18975.2-2008工业自动化系统与集成 流程工厂（包括石油和天然气生产设施对象）生命周期数据集成 第2部分：数据模型

9. IEC 61355 Classification and designation of documents for plants, systems and equipment工厂、系统和设备文件分类和标识

10. 石油化工工程数字化交付标准

（四）数字交付范围及主要内容

1. 数字化建设目标

系统建设涵盖企业建设业务、开发生产业务，需采集设计、采购、建设、生产运行相关数据及设备设施数据，支持公司的施工和运营管理。以便实现统一优化管理，确保设计、建设与运营的安全高效。建设规划要以设计阶段及建设阶段

的应用为主,保证建设阶段各项工作的顺利展开,同时为运营期管理积累基础数据。具体目标必须包括不限以下内容:

一是为项目服务的各设计院建立统一标准、统一规范、统一设备材料编码。

二是搭建各装置院异地协同数字化协同设计平台,目前涉及模块包括智能P&ID、仪表模块、电气模块、材料编码模块、三维设计模块等。

三是通过对设计信息、施工信息、检测信息、安装记录、设备设施等信息的采集、整理和录入,建立数字工厂的规范、完备、集成、共享的数据库。

四是利用门户系统和可视化管理系统,实现信息发布、监控、过程控制、信息交互的数字化,提高设计施工管理的精细化水平。

五是接收并处理和项目有关的,来自设计院、工程公司、设备分包商、业主等的各阶段资料(包括平面图纸、二三维模型、属性信息、设备说明书、安装报告等过程文档),导入本系统,并实现以工程对象为核心的数据关联。以期使业主及时获取可靠的工厂设计、建设期信息,提升业主整体管理能力。

六是搭建数字资产平台,融合装置的二维、三维模型,直观展示设备设施相关信息,辅助日常管理决策,为其他应用系统提供支持。

2.数字交付承包商工作范围

根据公司的管理现状,从数字工厂基础设施的设计到建设,从基础数据到应用系统全面考虑,为企业后期的生产运维管理提供全面的支撑。针对数字工厂的建设,将以统一的数据库为基础,进行基础数据采集整理构建统一数据库,建设数字化协同设计及交付平台,在此基础上为进一步建设其他专业应用系统做准备。根据规划具体建设内容如下:

(1)负责建立本项目涉及的设计规范、设计原则、设备材料编码的统一在平台中实现。

(2)数字化协同设计平台建设。包括智能P&ID、仪表模块、电气模块、材料编码模块、三维设计模块等。用于支持相关设计院/所异地协同设计,包括实施服务。

(3)数字资产平台建设。从设计开始到竣工验收结束,整个设计、施工、检测、资产交付过程,内容包括数据、文档和三维模型;包括实施服务。

(五)数字化交付技术架构

根据构建数字化工厂的基本要求以及成熟的技术架构模型,我们规定按照如下三层架构来构建由设计向运维移交的数字化工程信息体系。

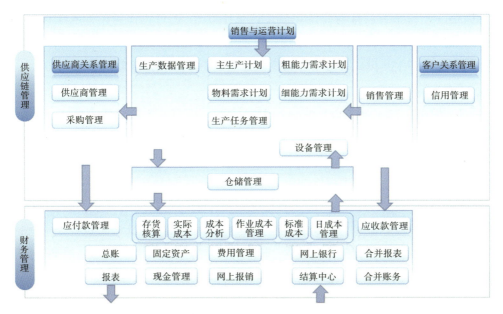

本项目总体技术架构方案

以上架构同时支持异地协同及本地工作模式：

工作模式1(EPC1)：采用业主协同设计软件及SPF平台为数字化主站点，在SPF完成设计工作后，直接通过SPF完成设计交付，并整合工程信息交付至SPF平台。

工作模式2(EPC2)：采用异地服务器协同的方式，使用工作模式1(EPC1)的设计工具和材料编码基础数据库开展工作，各装置院将设计成果定期（或）实时同步到主站点，并整合工程信息交付至SPF平台。

工作模式3(EPC3)：在项目移交规范和种子文件基础上独立开展设计工作，并整合工程信息，将移交成果以数据仓库(SPF)方式进行移交。

在工程建设过程中，除了在工程设计阶段(E阶段，Engineering，设计阶段)产生的数据成果和成品文件需要数字化交付，工程材料的采购管理阶段(P阶段，Procurement，采购阶段)和工程的施工建设阶段(C阶段，Construction，施工阶段)以及竣工后的工厂运维阶段(O阶段，Operation，运行维护阶段)都会产生大量的工程信息如变更和完工记录及验收报告等，需要按照预先定义的移交规范和交付里程碑进行数字化交付。工程信息成果的移交不仅需要考虑移交范围和格式，还要考虑规范和平台。鹰图的工程信息管理平台SPF除了可以支撑各专业在基础设计和布置设计阶段的集成设计工作以外,还可以作为设计成果移交平台,具备数字化交付能力,实现工程建设期的全过程数字化交付。业主或其他使用方接收数字化交付成果的平台为鹰图公司的工厂工程信息管理平台SPF。

(六)软件简介

1.SPRD——SmartPlant Reference Data 企业级工程数据库管理平台

SmartPlant Reference Data(缩写为SPRD)的主要功能是建立公司级和项目级的标准材料库及编码库,是规范材料编码的工作平台,也是以标准材料库为基础生成S3D设计软件材料等级库的重要平台。

SPRD可以帮用户实现:建立公司级和项目级的材料编码体系,材料编码范围可以涵盖项目建设过程中构成工程项目整体性和永久性部分的所有大宗材料和设备,其包括配管材料、土建建筑、土建结构、自控、电气、电信、暖通空调、分析化验、给排水、机械、热工、静设备、机泵、储运、应力、环保等专业;为材料编码的建立、维护与更新提供制度化与程序化保证;为项目的工程设计系统和材料管理系统提供统一的材料编码;通过材料编码建立与其他业务数据之间的关联,为公司的运营管理与项目管理系统集成提供基础代码。

SPRD系统中对于材料编码体系的管理分为两个层次:公司级与项目级。用户可以在公司级数据中建立公司的材料编码库,形成公司自己的标准体系,是公司技术、实力的一种积累和体现,通过项目数据的积累工作,使公司能不断地总结与完善工程数据,对未来新项目的报价迅速做出反应。项目级数据库中,不但可以直接复用公司级数据库中的相关数据,还可以针对性地编制、处理项目中特殊的材料,能使基础设计工作迅速有效地展开,缩短项目设计前期的数据库准备工作。

在SPRD中产生的各专业材料编码可以通过软件已有的配置界面,直接输出相关的数据文件,供三维设计软件使用。面向对象是Smart3D(智能工厂三维统计系统),材料编码的统一管理、维护与发布,提高了项目中物资信息的准确性,保证项目物资管理过程中的物流、资金流、信息流畅通,全面提升公司项目材料管理水平,同时也提高项目管理系统集成性与系统性,促进公司材料编码系统的持续性发展,通过公司长期的技术积累,形成公司宝贵的基础业务数据库,促进公司生产活动与项目管理工作进一步规范化、程序化、标准化。

2.SPPID——SmartPlant P&ID 智能工艺流程图设计系统

SmartPlant P&ID(缩写为SPPID)是一种以数据为中心、规则驱动的智能工艺和仪表流程图设计软件,帮助创建、浏览并管理工厂整个生命周期的数据。它不是一个CAD画图工具,而是一个管理工程数据、生成工艺原理图并与下游和上游工作分享数据的工程工具。它不仅可以生成图纸,而且对应于每个工程对象(如设备、管线和仪表件等)可生成完整的工程数据库(包括位号、设计条件、介质属性、流向和材质等)。SmartPlant P&ID 和 Smart3D(智能工厂三维设计系统)集成工作,代表了当今最高水平的二三维协同设计,不仅能够有效减少重复劳动,提高设计质量和效率,对于高质量实现数字化交付也提供了强有力的支持保障。

3.SPI——SmartPlant Instrumentation 智能仪表设计系统

SmartPlant Instrumentation(缩写为SPI)是INtools(仪表工程设计管理软件)的更新版本,它是行业中领先的仪表工程解决方案。其特点为:基于公共数据库和规则驱动,能够更好地管理和保存仪表和控制系统的历史记录,因此能够更好地进行工厂设计和运维管理。

用户采用SPI进行仪表工程设计时,可生成仪表索引表、仪表规格书、回路图、接线图和仪表安装图等设计成果。它还可以与上下游系统进行数据交互,比如与智能的工艺流程图(SmartPlant P&ID)、电气软件(SmartPlant Electrical、ETAP等)、智能工厂三维设计系统(Smart3D)、组态软件和管理软件(如SAP)等协同工作。

4.SPEL——SmartPlant Electrical 智能电气设计系统

SmartPlant Electrical(缩写为SPEL)是Intergraph公司推出的基于数据库及规则驱动的电气设计软件。它拥有丰富的内置属性,可以生成系统图和各类电力设计行业所需要的图表。例如电动机、用电设备表、电缆清册、单线系统图等。

SPEL通过规则管理器,规范属性的定义,确保设计的正确性,并保证电气属性的快速填写。如某些电压和电流的数据录入,当数据不匹配的时候是报警或者按照哪种规则进行数据传递,电缆连接元器件之后是否需要取得哪些属性等规则定义。

SPEL具有强大的报表功能,以EXCEL格式生成报表,操作灵活简便。用户可根据需要自定义报表的格式,包括自定义所需抽取的内容等,生成最后需要的报表。

SPEL具备与SPI、Smart3D之间的数据接口。

5.S3D——Smart3D 智能工厂三维设计系统

Smart3D(缩写为S3D)是工厂三维设计软件,以商业数据库MSSQL和Oracle为基础数据平台,所有模型都是以对象的形式存放在基础数据库中,在充分享用商业数据库强大功能的同时,保证了数据格式的通用性。Smart3D使用开放的

VisualBasic（编程语言）和.NET技术作为开发手段，为用户进一步拓展功能提供了便利条件。

6.SPF——SmartPlant Foundation数字化集成设计及移交平台

SmartPlant Foundation（缩写为SPF）是专门为设计院、工程公司和工厂业主设计的工程信息管理平台。SPF作为数字化设计集成平台，为工艺设计、仪表设计、电气设计和三维布置设计提供数字化工程集成设计环境。SPF还具备属性级的工程文档管理功能和数字资产平台能力。除此之外，SPF还可以跟外部系统协同工作，如P6、ERP系统等。

（七）总体交付要求和说明

除了电子文件和硬拷贝文件等传统交付物外，承包商必须提交完整的SPE系列工具软件的数据库备份，以及完整的文件元数据表。包括SPRD、SPPID、SPI、SPEL、S3D和SPF的项目备份和数据库备份，以及在EPC阶段产生的所有成果文件，包括由SPE系列工具软件产生的成果文件和非SPE系列工具软件产生的成果文件，非SPE系列工具软件产生的成果文件称为Non-TEF文件，这些文件需要同时提交元数据表用于定义文档属性及文档与位号之间的关联关系。Non-TEF文件在向数字化移交平台SPF加载时需要使用相关的元数据表建立文档属性及关联关系，方便业主在工厂运维阶段根据条件查找和检索需要的工程文档，或根据工程位号（如管道编号和设备位号等）提取相关联的文档。由SPE系列工具软件产生的成果文件（包括智能PID图纸和三维工厂模型）具备属性和关联关系，它们采取发布的方式（不是加载的方式）装入数字化移交平台SPF，不需要定义元数据表。

1.工厂分解结构

工厂分解结构是指根据工艺流程或空间布置并根据一定的分类原则和编码体系，通过树状结构反映工厂的各级分解对象。本项目将在种子文件中配置工厂分解结构（Project Breakdown Structure，PBS），各装置SPE软件使用统一的PBS。

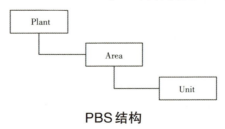

PBS结构

2.工程位号分类

位号（TAG）分为TEF位号和Non-TEF位号。TEF位号，是指在鹰图SPE系列工具（如SPPID、SPI、SPEL和S3D等）软件中定义的工厂对象编号（管道编号和设备位号等）。这些位号使用基于TEF（The Engineering Framework 工程框架）技术的工程软件发布到以SPF为基础的数字化平台中。TEF位号相关属性在相应的工程软件中进行配置，并在软件中完成属性填写，不需要定义元数据表。

Non-TEF位号（包括设计、采购、施工等阶段产生的位号），指不在TEF工具中创建的位号，通过Meta Data（元数据）模板（如附件构筑物属性表），批量创建和加载到SPF平台中，其属性也通过Meta Data模版填写并加载到平台中。

3.文档—位号的关联关系

TEF位号和文档，由智能设计工具SPPID、SPI和S3D创建，它们在工具软件通过"Publish"（发布）和"Retrieve"（回收）命令、手工关联或自动关联等方式和规则来创建关系，当通过"Publish"命令将位号和文档发布进SPF平台系统后，其关联关系就天然存在了。

Non-TEF位号和文档，使用Meta Data模板来建立它们之间的关联关系。设计承包商应正确填写Non-TEF文档Meta Data模板、Non-TEF位号模板和文档与位号之间的关联关系，并加载到该装置SPF平台系统中。

TEF和Non-TEF软件要求承包商必须使用下表工程工具/软件来生成TEF文件和Non-TEF文件。

工程工具/软件

Category （类别）	DocumentType （文件类型）	Software/Engin-eering Tools （软件/工程工具）	Version （版本）	Database （数据库）
TEF	P&ID	SPPID	2014R1	MSSQL Server
TEF	LineList/Line Designation Table	SPPID	2014R1	
TEF	Instrument Index	SPI	2016SP1	MSSQL Server
TEF	Instrument Specification Sheet	SPI	2016SP1	
TEF	Instrument Loop Diagram（ILD's）	SPI	2016SP1	
TEF	Process Specification Datasheet	SPI	2016SP1	

4.设计

和设计有关的文档信息需要上载到系统当中,包含但不限于如下成品文件:说明、索引表、图纸、规格书、计算书、材料表。

5.采购

EPC承包商应该交付但不限于如下成品:全项目各专业BOM(物料清单)表、供应商文档,工程材料管理全过程寻源文件,安装、操作使用说明书(必要时),材料质量证明书/材质单,产品合格证/质量证明书。

6.施工

EPC承包商应该交付但不限于如下成品:工作包计划、偏离施工计划的变更管理文档、健康和安全防护体系文件、施工作业流程。

7.质量验收文件施工进度展示

承包商应提供项目管理系统Project(项目)或P6编辑的项目施工进度计划及实际信息,并将项目进度信息和工程三维模型结合起来,进行可视化的模拟施工进度展示,实现施工计划和实际进程的比对分析。承包商在P6或Project中应建立正确、合理、规范的工作计划。承包商应在SPR中按照P6或Project的Activity(活动)名称建立对应的Display Set(显示集),名称需要保持一致。承包商应对每个Display Set建立相应的模型对象filter(滤波器)。承包商应在SPR中对不同建造时期的对象进行相应的颜色设置。承包商应调整每秒帧数等相关参数,并进行视频制作,以保证视频具有良好的视觉效果。

(八)数字化交付的典型应用场景

数字化交付内容和数据结构将支撑企业设备管理、工艺优化、安全生产、操作培训、应急演练和移动巡检等核心业务活动,使数字化交付愈来愈具有优势和生命力。典型的应用场景如下:

1.工厂信息全息浏览:支持高效的模糊搜索引擎与文件搜索功能,可对工程交付信息(图纸、文档、三维模型)进行快速查询。

2.带属性可视化的三维工厂支持与操作员培训仿真系统(OTS)相结合的应用。

3.数据信息支持与工厂智能设备系统相结合的应用。

4.为操作数据库(ODS)提供基础工程数据服务。

5.支持外操巡检移动应用。

第三节　生产管理平台(MES)

生产管理平台(MES)不仅作为生产管理的软件平台,更是向下集成了 DCS、GDS、AMS、SCADA、AM、APC、CPM、OTS、实时数据库、LIMS 等软件、硬件系统,实时掌控了生产相关的全部数据。

一、生产管理平台

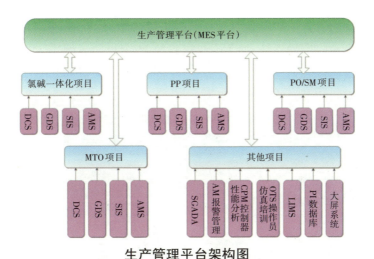

生产管理平台架构图

(一) 概述

生产管理平台即生产执行管理平台(MES 系统),该平台的主要功能是通过获取和分析实时过程数据,实现以效益最大化为目标的生产计划优化和生产调度、生产操作与状态的跟踪及报警、生产信息统计与分析(收率、物料平衡、能耗、计量等)、实验室信息管理、生产绩效管理等功能。

MES 系统以生产过程中的物流管理为主线,集生产计划、操作管理、生产调度、储运管理、生产统计、操作管理、绩效管理、能源管理为一体,基于生产过程实时数据库与实验室信息管理系统的生产(执行)系统,实现生产过程管理信息的可视化、集成化,从而提高生产管理的精细化水平,优化资源利用,降低工厂物耗能耗,达到节能减排的目的;实现从进厂、加工、到出厂的全过程管理,保证生产装置的"安、稳、长、满、优"运转与优化操作,从而达到效益最大化并与社会和谐发展的目标。

MES系统处于工厂信息系统集成模型中的中间层,它在生产操作控制层与生产经营管理层之间架起了一座桥梁,填补了两者之间的空隙。在三层架构中它占据着重要的位置。一方面,MES系统可以对来自ERP软件的生产管理信息进行细化、分解,将来自计划层操作指令传递到底层控制层;另外一方面,MES系统可以采集设备、仪表的状态数据,以实时监控底层设备的运行状态,再经过分析、计算与处理,从而方便、可靠地将控制系统与信息系统整合在一起,并将生产状况及时反馈给计划层。

MES系统向上为生产经营管理系统提供统一的、标准的、准确的面向生产过程的基础信息和应用的支持,向下通过过程控制系统(PCS)实现对生产过程的先进管理和控制优化。

MES系统的体系架构如下图所示:

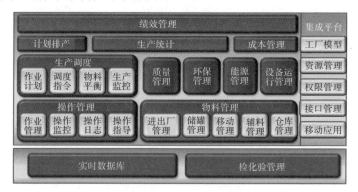

MES系统体系架构图

(二)供应商品牌

太极计算机、霍尼韦尔、汉锦公司、石化盈科、宝信。

(三)建设费用

1000万。

(四)建设周期

一年。

(五)详述

MES系统的主要功能由工厂模型、计划排产、生产调度、质量管理、能源管理、生产统计、物料管理、设备运行管理、安全环保管理、绩效管理、集成平台等模块组成,实时数据库和检化验系统为配套系统。

MES系统紧紧围绕生产管理业务展开,包含了生产过程的各项业务,涉及生产调度、生产装置、罐区储运管理、公用工程、信息管理等业务。

公司的计划制订部门根据公司制订的年度计划,同时考虑全年市场、季节和装置检维修安排,将年计划分解为季度计划和月度计划,以此实现全公司效益最大化的目标。

生产管理部门根据月度计划,应用生产调度子系统,生成调度指令,发布到生产装置、储运罐区、化验分析和动力供应相关部门或生产岗位。

生产装置接收调度指令后,按指令要求变更加工方案和装置的加工量,系统按班次或按要求的时间节点采集装置投入/产出和能量产出/消耗的计量仪表数据,对仪表超差或故障造成的数据偏移进行数据校正,把装置运行情况和调度指令执行情况记入操作日志。

操作管理子系统可监控生产的操作状况,记录与统计生产操作超标等异常情况,并在线填报交接班记录,同时可查询交接班情况。

储运罐区接收调度指令后,借助罐区自动化设施,执行对装置物料的收付操作,并应用罐区物料管理子系统采集储罐收付操作的来源/去向,以及储罐前量和后量;在班次结束时,借助实时数据库对储罐进行储罐检尺和罐量计算,记录储罐状态,形成储运罐区班次收付台账。

化验室按照公司的质量控制要求执行装置成品、半成品和储罐物料的化验采样分析,对调度指令以相应化验工单给予反馈,并将化验结果输入LIMS系统数据库,供装置和罐区使用。

能源管理子系统对企业的水、电、气等公用工程数据进行实时集中监控和管理,从而实现能源系统的统一集中调度控制和经济结算,达到节能、降耗、减排的目标。

生产统计子系统从各类基础数据源获取生产数据,如从计划排产模块获取计划数据,从ERP系统获取采购、销售数据等,然后对数据进行处理、汇总、分类,生成生产统计数据,并最终形成统计报表,包含产量表、投入/产出表、产发存表、产率表及其他报表,作为监督生产操作和生产计划制订与调整的可靠依据。提供在线计算功能,支持生产的日统计与月统计。

设备运行子系统对企业的重点运行设备进行监控,包括其开停时间的统计、运转情况的查询、故障处理追踪,最终形成重点设备的设备运行状态报告。

安全环保管理主要是对员工职业卫生健康、生产环境和安全进行管理,以实现安全、环保、消防、交通的动态管理,可提高安全、消防、环保、交通业务管理效率和管理水平,达到管理规范化、科学化的目的。

KPI(关键绩效指标)子系统是企业对生产操作水平进行量化评价及对企业整体运行绩效进行总体评价的系统。它通过建立企业生产KPI模型,可实时、快捷地实行KPI指标的计算、打分、图形化显示及提供各种分析报告,为企业实现精细化管理提供强有力的支撑。

信息集成平台是实现业务模块的集成,使MES系统各个模块之间、MES系统和LIMS系统、MES系统和ERP系统之间达到高度集成;通过基于角色的安全访问、用户个性化设置、内容管理和存储,实现信息的高度集成,完成综合信息的展示。

MES系统与PCS系统的集成应用:MES与PCS的集成主要通过PCS服务器的接口适配器完成与实时数据库的数据采集和交换。

MES系统与ERP系统的集成应用:MES系统主要用于生产运行和管理,强化对物料的跟踪管理,是优化生产的基础。ERP需要从MES系统中获取有关物料移动信息,提供经过全厂物料平衡的物料数据,在日常生产过程中需要及时从MES系统中获取原材料消耗和半成品的数量。

1.智能生产计划

企业生产计划的制订是企业生产环节的重要一步,决定着企业生产什么,生产多少,以及怎样生产。制订合理的生产计划,是保证企业生产有序进行、取得较好经济效益的前提。生产计划作为整个企业运营的出发点,是企业生产的指南针,其合理性直接影响企业的正常生产和最佳经济效益。

项目的生产计划部分主要完成产品产量计划、物耗计划、装置生产计划、质量控制计划等计划的制订与优化。可以帮助企业在装置、市场等内、外条件发生突然变化时,在较短时间内针对环境变化做出相应的决策。

项目方案的实施,可为生产计划提供充分的评估方法和报表数据,以此可验证所编制的生产计划的科学性,发现能够持续提升的空间,并不断完善计划模型,尽快发挥企业的设计能力,实现销售额、成本、利润等财务目标的最大化。

项目方案涵盖了从生产计划的编制—优化—发布—跟踪—调整全部的业务流程,集成模型如下图所示:

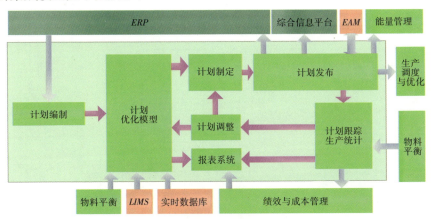

集成模型图

该系统作为一个开放式的、可扩展的系统,可以与MES子系统和企业的其他外部系统实现紧密集成,如:①将生产计划传送给生产调度子系统,在生产动态调度系统进行调度模拟;②接收实时数据库、LIMS系统数据,以及操作管理系统生成的生产信息,作为生产计划优化的重要依据;③接收物料平衡管理子系统的数据,进行生产进度完成情况的统计;④通过绩效系统产生的生产成本等各种KPI指标,与计划模型中的预测值进行比较,进一步完善计划模型;⑤在计划的制定与发布阶段,与综合信息平台等系统实现信息的共享。

2.生产计划优化子系统

建立计划排产模型,帮助计划人员根据原料供应情况、工厂模型、装置转运转状况、市场需求及经济指标等信息,制订年度计划、季度计划、月度计划。同时,对计划的执行情况进行及时的跟踪和评价,为企业决策和下一步计划的制订提供翔实的数据支持。系统的功能框架如下图所示:

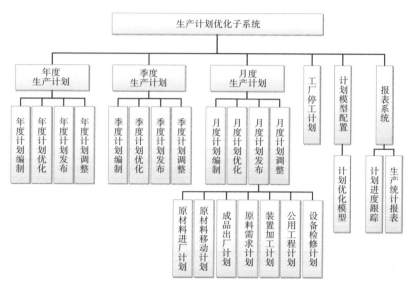

生产计划优化子系统架构

（1）年度生产计划

用户根据企业原材料加工量、装置情况及市场需求等信息制订年度生产计划，年度计划内容包括加工量、主要产品产量等，制订完成后上报总部审批。审批通过后形成最终的年度计划。

年度生产计划编制：实行年度计划编制管理。年度计划以导入总部下达的年度生产指标作为依据进行编制，计划的主要内容包括原材料加工量、产品的市场需求量、产品规格质量及价格等。计划编制是年度计划的雏形，是对年度计划进行优化的前置条件。

年度生产计划优化：实现对年度生产计划的优化管理，本模块可以辅助管理人员高效率地进行多个方案的比较和寻优，帮助管理人员最大限度地发挥资源优化潜能，从而提高计划的科学性和可行性，提高企业的生产管理效率和经济效益。优化的结果将包括年度装置生产计划、年度能耗计划、年度产品产量计划等。计划优化是以市场需求为驱动，计划优化的最终目的是在原料和生产经营的约束下以最佳的方式来满足市场对于产品的需求。企业生产什么、生产多少最终均要根据市场情况及企业的生产能力决定。

年度生产计划发布：实现对通过审批的年度计划的发布功能，支持B/S（网页版）、C/S（App版）、文件、Excel报表等多种发布形式。发布的计划信息将与ERP

系统、综合信息平台系统实现共享。

年度生产计划调整：实现计划的调整功能，调整后的计划可以重新进行优化，本模块同时实现生产计划的版本管理，对调整前的计划进行版本管理。

（2）季度生产计划

季度生产计划编制：实现季度生产计划的编制管理。根据季节变化对年度计划进行分解，并根据年度计划完成情况对产品产量、产品指标、装置检修计划进行调整。季度计划内容包括原材料加工计划、主要产品产量计划、装置检修计划、季度能耗计划等。

季度生产计划优化：实现对季度计划的优化管理。优化的结果将包括季度装置生产计划、季度能耗计划、季度产品产量计划、装置检修计划等。

季度生产计划发布：实现对通过审批的季度计划的发布功能，支持B/S、C/S、文件、报表模式等多种发布形式。发布的季度生产计划将与ERP系统、综合信息平台系统实现集成。

季度生产计划调整：实现季度计划的调整功能，调整后的计划可以重新进行优化，本模块同时可实现季度生产计划的版本管理，并对调整前的计划进行版本管理。

（3）月度生产计划

月度计划编制：实现月度生产计划的制订。月度计划是根据装置加工能力、市场需求、检修计划等对季度计划进行分解。月度计划内容包括：原材料加工量计划、原材料进厂量计划、装置加工计划、产品出厂计划、公用工程计划等。

月度计划优化：实现对月度计划的优化管理。月度计划优化需要考虑的原材料的供应、产品需求、装置加工能力、加工时各种原材料消耗和各类经济财务数据等多种因素，利用物料平衡数据、原材料物性数据及装置模型，对月计划进行优化排产。月度计划优化的结果将包括：原材料进厂计划、原材料移动计划、成品出厂计划、原料需求计划、装置加工计划、公用工程计划和设备检修计划。在计划制订的过程中采用模型优化与人工经验调整相结合的方式。

月度计划发布：对通过审批的月度计划进行发布，支持B/S、C/S、文件、报表模式等多种发布形式。发布的月度计划将与ERP系统、综合信息平台系统实现数据共享。

月度计划调整：实现月度计划调整功能，调整后的计划可以重新进行优化，本模块同时可实现月度生产计划的版本管理,并对调整前的计划进行版本管理。月度计划一般会因为装置效益变化或市场需求变化而调整。

(4)工厂开停工计划

工厂停开工计划能够与ERP系统进行集成,从来自现场的设备检测信息中得到反馈,并进行严格的工作流程控制,对工厂装置的开停工进行确认并下达命令,实现工厂生产装置的停开工计划的管理。

(5)计划跟踪

计划跟踪模块主要包括年度计划跟踪、季度计划跟踪和月计划跟踪,主要对车间加工计划、产成品出厂计划、物耗计划进行跟踪。通过与物料平衡管理子系统的集成,计算计划的完成率,以便生产管理人员了解当期的生产完成情况。

(6)生产统计

生产统计模块主要是用来全面、实时、准确地反映企业的生产经营状况,为企业的生产决策提供依据。生产统计主要包括生产完成统计和计划对比分析。

生产完成统计:本模块对大量的生产数据进行收集分析,分析结果通过装置物料平衡、产销存平衡、装置物料等报表来反映。

计划对比分析:将生产成本、生产KPI报表等各种实际生产结果与计划指标进行比较,分析生产差异产生的原因,为计划模型的优化、生产管理措施的改进提供依据。

3.智能生产调度

企业的生产指挥中心环节是生产调度,生产全过程围绕生产调度有节奏地进行协调、平衡和衔接。调度的执行具有强制性,生产调度对工厂生产的安全、平稳、高效起着举足轻重的作用。化工企业生产调度表现为连续工艺过程、设备满负荷长周期运转,在满足设备周运转的前提下最大限度发挥装置潜能安排优化生产。生产调度层面要考虑的因素和约束条件比计划阶段更多、更细,使企业能够对生产流程进行全面、合理地调度和监控。

智能生产调度的主要功能如下:

在计划执行层面,利用实时数据库、操作管理、物料平衡等外部系统的数据加强全厂计划执行情况的跟踪,依据各车间短周期滚动作业计划的实际完成情况,对生产过程事故状况进行监视,当调度滚动作业计划执行出现矛盾时,立即进行协调和平衡,保证生产的顺利进行。

在反馈优化层面,利用外部系统的数据加强生产过程综合评价,通过生产过程监视、综合统计报表及当期生产进度跟踪,对生产调度状况进行统计分析,为未来原材料采购、产品结构、成本控制、效益分析提供决策依据,同时不断优化和完善调度优化模型。

通过实现生产调度优化控制,可以及时对装置运行情况做出诊断,实现生产的安全稳定运行,避免安全事故和非计划停车的发生,保证生产装置在最佳状态、最低运行成本和最佳产品收率下运行。

缩短生产方案调整周期,根据市场需求变化,尽快实现操作方案和产品收率的改变,减少装置生产波动,为智能生产管理提供实时、可供比选的实际生产数据,以其作为优化测算基础,使优化方案更接近生产实际,并具有可操作性。实施目标如下:

在原材料进厂、装置生产、产品出厂等方面进行调度安排和趋势预测;

通过系统的模拟计算,来合理地安排原材料进厂,综合平衡原材料储存能力,安排长输管线平稳运行,减少费用;

模拟计算装置物料平衡、装置间物料互供,以及氢气和燃气平衡;

通过模拟计算,预测各主要装置产品产量和产品质量;

制订旬、周、日的调度作业计划;

支持多周期的调度计划制订和优化。

(1)调度作业计划管理

生产计划是调度作业编制的主要依据,化工企业有许多中长期的计划,对调度而言,最重要的是当月的月度生产计划。月度计划中的月度加工量、生产装置的加工方案和加工组成、二次生产装置的生产量和产品走向、各类产品的加工量和调和配方等信息都是调度计划编制的主要来源。

> 调度作业计划管理分为旬、周、日调度作业计划。旬、周加工方案优化是旬、周调度作业计划的主要功能。具体内容请扫描以下二维码查看。

(2)调度指令管理

本模块将日调度计划分解为各种调度指令并发布到各指令的执行部门。调度指令主要包括原材料进厂指令、装置生产指令、成品出厂指令、物料移动指令、装置停开工指令、动力供应指令、成品化验指令。

（3）紧急调度指令管理

本模块对生产中遇到的紧急情况进行应急处理，并将应急调度指令发布到对应的执行部门。

（4）工单配置

本模块实现对各种工单的样式模板进行定义和配置。

（5）工单管理

本模块依据生产调度指令，生成对应的工单，并与对应的外部系统、操作管理模块集成，指导相关人员进行现场作业。工单主要包括原材料进厂工单、装置生产工单、成品出厂工单、物料移动工单、装置停开工工单、动力供应工单和化验工单。

（6）调度报表

调度报表系统可以使生产管理人员能够迅速准确地收集和掌握各类生产动态信息，从总体上协调监控全厂的生产情况，做好生产统计、生产预测和调度优化，协助用户及时下达各种调度指令。

调度旬报表：提供调度旬报表的生成、查询和管理。

调度周报表：提供调度周报表的生成、查询和管理。

调度日报表：提供调度日报表的生成、查询和管理。

原材料份额跟踪：在生产过程中跟踪和计算原材料的份额。

生产跟踪：查看物料移动和库存信息。

二、DCS/SIS（离散控制系统/安全仪表系统）

（一）概述

工程项目将设置技术先进、安全可靠的控制系统和现场仪表，自动控制水平达到国际石油化工企业的先进水平。项目的工艺生产装置及辅助设施等均采用DCS/SIS系统进行过程控制、监视和安全联锁保护。在完成工业过程底层回路控制的基础上，进一步实现过程的整体性能控制；搭建过程控制与管理的一体化系统平台，最终实现以综合生产经营指标为目标的优化控制；确保生产装置安全、平稳、长周期、高质量的运行，以便实现企业利润的最大化。

工程项目优选DCS与SIS一体化集成（即DCS与SIS系统挂在同一个控制网上，通过网络进行通信）的技术方案。集成化的DCS/SIS系统方案在设计、工程、信息管理、安全、工程项目成本、项目执行周期、维护、服务成本、加快项目执行进度等方面优势明显。在控制层DCS系统和SIS系统不论是软、硬件还是逻辑网络完全独立设置，而在信息传输上共享同一个网络平台。该技术方案在保证系统安全性的前提下，提高了系统的可用性和系统信息集成化程度。采用DCS系统与SIS系统一体化技术方案，结合AMS智能仪表设备管理系统统一实施。

DCS/SIS系统必须满足一体化项目的规模，各装置系统相对独立，控制系统从操作员站，工程师站，网络设备到控制器，任何一个部件出现故障，均不会影响到其他生产装置的操作和控制。

（二）供应商品牌

霍尼韦尔、艾默生、横河、西门子、ABB、浙大中控、和利时等。

（三）建设费用

系统规模初步估算5万元。

（四）建设周期

一年半。

（五）详述

DCS系统由操作站、辅助操作台、工程师站、大屏幕显示器、控制站（远程控制站）、I/O单元（远程I/O）、过渡接线柜、辅助仪表柜、电源/配电柜及网络设备等组成。DCS系统采用冗余技术与自诊断技术，DCS系统的中央处理器（CPU）卡、通信卡、电源卡、现场总线接口卡、控制及关键用AI/AO卡件以及供电单元等均应采用冗余配置，所有控制回路及重要检测回路中的I/O卡件均应采用冗余配置。各装置的DCS控制站各自独立设置，以保证各装置在正常生产和开停工过程中互不干扰。DCS除了完成装置的基本过程控制、操作、监视、管理之外，同时还完成顺序控制、批量控制、工艺联锁以及部分先进控制策略。

SIS系统独立设置，使其运行不受其他控制系统影响，以确保人员、生产装置、重要机组和关键生产设备的安全。能与DCS进行通信。采用故障安全型设计，确保装置的安全性和可靠性。

SIS系统的设计必须满足根据IEC 61508/IEC 61511及DINV19250所定义的安全完整性等级（SIL）。

SIS 系统采用经 TUV/IEC 安全认证的三重化(TMR)或四重化(QMR)可编程逻辑控制器(PLC)完成各工艺装置的紧急停车和紧急泄压。所有的过程报警、旁路、复位等信号能在 DCS 操作站上显示。

DCS/SIS 操作员站、工程师站、历史站、OPC(工业控制的通用接口)站等硬件均采用适合快速数据处理和数据备份并能够长周期稳定运行的计算机设备。这些设备必须适合在化工场合应用,对灰尘、水雾、腐蚀性气体、电磁场、机械碰撞等具有防护能力。系统的原则配置必须遵循冗余原则、负荷原则、备用原则等。

SIS 系统应具有常规控制功能、顺序控制功能、报警功能、报表功能、存储功能和自动测试及诊断功能等。

按照园区装置的布局,设置一个或两个中心控制室:

在现场机柜间每套 DCS 系统设置一至两套 DCS 操作站和一套各控制系统的工程师站,DCS 操作站设置在现场机柜间的操作间内,用于开车前的调试和系统维护等。在中心控制室每套系统设置一套工程师站,用于系统组态维护。

SIS(安全仪表系统)、CCS(协调控制系统)、MMS(生产监控系统)、在线分析仪、设备包 PLC 系统宜采用 MODBUS 协议与 DCS 控制站进行通信。这些通信连接应在现场机柜间或就地控制室的机柜间内完成,重要的通信接口还应采用冗余的方式。与控制、联锁有关的信号,各系统间应采用硬线连接。

控制系统与全厂管理网(PMCC)之间的数据交换通信,优先选用 OPC 技术。采用以太网 OPC 的通信方式将过程控制层和管理层(包括生产运行管理和生产经营管理)集成为一个整体。

三、GDS(可燃气体及有毒气体检测系统)

(一)概述

石油化工行业很多场所都容易发生可燃(有毒)气体泄漏,当达到一定浓度时,就会发生爆炸和中毒。为确保安全生产,在石油化工生产装置中,采用固定式可燃(有毒)气体检测器连续地监测生产作业环境中可燃(有毒)气体的泄漏情况,及时发出报警,使作业人员采取有效措施,防止爆炸、火灾、中毒事件的发生。

(二)供应商品牌

霍尼韦尔、艾默生、横河。

（三）建设周期

一年。

（四）详述

本系统遵循《石油化工可燃气体和有毒气体检测报警设计标准》（GB50493-2009）；独立于火灾自动报警系统，单独设置；执行与SIS系统一致的标准，且应满足消防及安监部门的有关要求；暂按5000个点位考虑。

石油化工企业可燃气体和有毒气体的检测，除了极个别的对象有特殊的联动要求外，广泛应用于报警。

可燃气体及有毒气体检测系统应根据装置的规模、业主的安全管理要求、生产装置的检测点数量和检测系统的技术要求，综合考虑指示报警设备的设计方案。当可燃气体及有毒气体检测系统与生产过程控制系统（包括DCS等）合并设计时，应考虑相应的安全措施，保证装置生产过程控制系统出现故障或停用时，可燃气体及有毒气体检测系统仍能保持正常工作状态。可燃气体及有毒气体检测系统的检测与发出报警信号的功能，不应受对应装置生产控制仪表系统故障的影响。指示报警设备发出报警后，只有经过确认并采取措施后，才能停止报警。

工艺装置和储运设施现场固定安装的可燃气体及有毒气体检测系统，宜采用不间断电源（UPS）供电。

四、AMS（智能仪表设备管理系统）

（一）概述

AMS系统是针对HART以及基金会现场总线设备，如智能仪表、智能阀门定位器等，进行在线组态、调试、校验管理、诊断及数据库事件记录的一体化方案，同时还支持常规设备的管理。它利用现场设备的智能自检和通信功能，来实现预维护和前瞻性维护的先进管理要求，且提高了工厂的可利用率和运行效能。运用先进的诊断校验手段和自动事件归档等方法，AMS智能仪表设备管理方案优化了现场仪表和控制阀的性能。

（二）供应商品牌

DCS供应商。

（三）建设周期

随DCS实施周期同步建设。

（四）详述

AMS系统具体功能如下：

①AMS系统应可自动扫描现场设备，对现场仪表、调节阀进行维护、校验和故障诊断；②智能仪表设备应具备HART通信协议，DCS系统应具备HART信号智能输入输出卡，AMS系统通过DCS的I/O卡直接接收HART信号；③对其他系统（如SIS、CCS等），AMS系统通过安装在系统内的HART协议接收器，采用Modbus-RTURS485通信读取数据；④AMS系统具有与第三方软件的接口，用于高级的现场设备诊断、工厂性能监视和制订维护、测试的计划；⑤AMS系统服务器设置在现场机柜间或中心控制室内，与相应的DCS系统局域网或HART协议接收器通信连接，同时与信息管理网通信连接；⑥本工厂仪表设备管理工作站根据工艺操作和管理需要，在仪表操作工区域就近设置。

每个FRR（现场机柜间）配备1台AMS数据库服务器，用于本装置HART仪表的设备维护系统；每个CCR（中央控制室）配1台AMS客户端。AMS数据库必须能够支持至少3000至15000个设备信息管理的能力。应该根据AI/AO点数及20%富余量提供相应的AMS数据库授权。

AMS数据库服务器系统必须能支持《现场设备工具（PDT）/设备类型管理器（DTM）和电子设备描述语言（EDDL）的互操作规范》，应详细说明AMS数据库服务器系统是否同时支持HART、FF协议，以及与不同品牌的现场仪表的互连性、兼容性和使用经验。由于AMS系统是全厂范围的维护与诊断系统的重要组成部分，因此必须与第三方软件有很好的兼容性。此外，应提供关于此方面系统性能的描述，并给出已经与本AMS系统有过HART协议成功对接经验的现场设备名单，以及诊断软件的详细情况和说明。

AMS系统应有两层结构：浏览客户层和应用数据库层。维护人员可以通过专用网络在工厂任何地方访问到各生产装置的AMS数据库服务器，对现场设备进行远距离预维护和管理。每个中央控制室均可接入AMS系统。同时，应负责提供AMS系统的客户端软件及连接硬件，以保证用户任何时间、任何地点对AMS信息的访问。

五、SCADA（数据采集与监视控制系统）

（一）概述

SCADA系统，即数据采集与监视控制系统。SCADA系统是以计算机为基础的生产过程控制与调度自动化系统。它应用领域很广，可以应用于电力、冶金、石油、化工、燃气、铁路等领域的数据采集与监视控制以及过程控制等诸多领域。

在电力系统中，SCADA系统应用最为广泛，技术发展也最为成熟。它在远动系统中占重要地位，可以对现场的运行设备进行监视和控制，以实现数据采集、设备控制、测量、参数调节以及各类信号报警等功能，即我们所知的"四遥"功能。RTU（远程终端单元）和FTU（馈线终端单元）是它的重要组成部分。在如今的变电站综合自动化建设中起了相当重要的作用。

（二）供应商品牌

ABB、施耐德、西门子。

（三）建设周期

随配电系统同步建设。

（四）详述

配电SCADA系统要更加复杂，主要体现在以下六个方面：①配电SCADA系统基本对象为变电站、出线开关及以下配电网的环网开关、分段开关、开闭所、配电变压器和用户，这些监控对象除了集中在变电站的设备，还包括大量分布在馈电线沿线的设备，例如柱上变压器、开关和刀闸等等。监控对象的数据量通常比较多，而且由于数据分散点多面广，采集信息也要困难得多。因此配电系统对数据库和通信系统的要求高。②配电SCADA系统还要有故障隔离和自动恢复供电的能力，因此配电SCADA系统对数据实时性的要求更高。③配电SCADA系统对于数据实时性的要求以及为采集瞬时动态数据的需要。④配电网为三相不平衡网络，配电SCADA系统采集的数量和计算的复杂性要大大增加，SCADA图形显示上也必须反映配电网三相不平衡这一特点。⑤配电网直接面向用户，由于用户的增容、拆迁、改动等原因，使得配电SCADA系统的创建、维护和扩展的工作量非常大，因此配电SCADA系统对可维护性的要求也更高。⑥生产管理系统需要SCADA的数据，所以对系统互连要求更高，配电SCADA系统必须具有更好的开放性。

1.硬件

通常SCADA系统分为两个层面,即客户/服务器体系结构。服务器与硬件设备通信,进行数据处理和运算。而客户用于人机交互,如用文字、动画显示现场的状态,并可以对现场的开关、阀门进行操作。硬件设备(如PLC、RTU)一般既可以通过点到点方式连接,也可以以总线方式连接到服务器上。点到点连接一般通过RS232串口,总线方式可以是RS485,以太网等连接方式。

2.软件

SCADA由很多任务组成,每个任务完成特定的功能。位于一个或多个机器上的服务器负责数据采集,数据处理(如量程转换、滤波、报警检查、计算、事件记录、历史存储、执行用户脚本等)。服务器间可以相互通信。有些系统将服务器进一步单独划分成若干专门服务器,如报警服务器、记录服务器、历史服务器、登录服务器等。各服务器逻辑上作为统一整体,但物理上可能放置在不同的机器上。分类划分的好处是可以将多个服务器的各种数据统一管理、分工协作,缺点是效率低,局部故障可能影响整个系统。

六、AM（报警管理系统）

（一）概述

AM系统可以帮助用户优化报警系统性能,从而提升装置的安全性、操作员效率以及盈利能力。通过无缝方式采集并存储来自多个数据源的报警和事件数据,并自动创建基于Web且符合相关标准(EEMUA191,ISA18.2,API1167)的关键性能指标(KPIS)报告,精确且快速地度量并报告工厂现场报警系统的当前性能。可以快速确定已有以及新出现的问题,并对相关活动进行优先级排序,从而改进报警系统并提高操作性能。

针对装置运行情况,梳理出报警数据采集及存储、报警分析、归档与解析等需求,分析高频报警,减少无用报警,提高操作人员工作效率,消除故障隐患。

报警与事件信息及时归档存储,建立统一的报警数据库。

建立企业级部署功能,即支持项目各个装置控制系统采集报警事件数据,并将数据统一存贮到园区报警管理中心。

（二）供应商品牌

霍尼韦尔、艾默生、横河、ABB等。

（三）详述

当过程偏离正常状况时,报警系统可以有效地提示(声音、闪烁)操作员采取措施,将偏离拉回到正常工况,从而来帮助操作人员有效地控制愈来愈复杂的生产装置。但实际状况是报警系统并不总是非常有效,例如报警设置过多、报警级别设置不合理、报警给予操作员的提示不清晰等造成报警过多,增加操作员压力,同时会引起操作员对报警不敏感,对重要报警产生疏漏,产生安全隐患。所以建立一套有效报警系统和报警管理流程机制是改变现状、提高工厂安全性的关键之一。

工艺和系统报警的主要目的是保证工艺装置高效运行,并减少财产损失或人员伤亡。但是在许多工厂里,由于过度使用报警系统,导致报警频繁出现,使得报警成为一种"干扰性"事件。

对于流程行业来说,报警系统不但要运行良好,而且要向设备操作人员传递简单有效的信息。

在有效降低"干扰性"报警数量,降低操作员劳动强度的同时,提高其对异常工况的响应效率和能力,是报警管理与优化的主旨。

建设报警管理系统,对全厂的报警信息进行管理分析,减少无用报警,提高操作人员工作效率,使管理层更加直观地了解到基层工作状态,保障各个生产装置平稳运行。

1.软件功能

（1）报警分析

报警系统能够分析自身性能,并将其与工程设备和材料用户协会和国际自动化协会推荐的工业最佳实践进行标杆对比。根据本项目实际装置要求和按照标准定义不同的报警准则,所有系统记录的事件将被捕获,生成操作员的操作绩效和操作负荷指标。报警分析结果可以自动通过电子邮件发送到指定通信组列表成员地址,或在网页上显示。

此功能允许本项目为每个报警进行单独分析定义。参数设置允许按照不同类型定义,比如按照日期时间、操作员级别、报警类型(紧急、高、低)、启用的报警(实际出现在操作员界面的报警)、倒班班组和其他类型。报警分析满足定期自动生成报表和自动邮件发送功能,并且此功能在软件中易于配置实现。

该软件能够满足控制系统报警泛滥、报警类型、报警优先级、装置的报警数、某个时间区段的报警、间歇报警、重复报警、关联报警、频繁报警、持续报警、报警时间、确认报警时间等分析功能;能够根据授权实现单个装置、生产部门、区域,以及公司级的分析、统计、调阅功能。

(2)归档与解析

软件需提供与控制系统直接连接的方法,可以直接将配置数据导出至归档与解析模块。归档与解析功能提供一套在线机制以记录和跟踪每个报警的原因、后果和报警处置,也可以提供一个计算报警优先级的一致的基准,可以自定义部分功能,以方便灵活存储文档链接或者特殊设备等非标准信息。

(3)报警数据采集及存储

通过OPC A&E(报警事件访问规范)方式实时读取报警和事件信息,在报警管理系统用户退出或服务器重启时,也能持续保持收集报警与事件数据;具备企业级部署功能,即支持本项目各个装置控制系统采集报警事件数据,将数据统一存贮到园区报警管理中心;报警与事件信息能及时归档与存储,具备统一的报警数据库;能够对采集到的报警数据进行辨识分解,并提供便捷的数据查询功能。

2.方案实施内容

报警管理的建设内容主要包括系统方案和详细设计、软件安装、系统集成与调试、应用组态、报警规程制定、报警分析与优化、系统培训、系统故障处理等。

(1)建立一套适合企业的操作报警系统及报警管理体系

对照ISA 18.2或EEMUA 191报警管理国际标准,定量标定当前企业报警管理性能,根据评估结果,通过报警合理化,实现整体报警管理水平从报警过载达到或接近可靠;报警级别分布接近国际标准:"关键:重要:一般"比例为5%:15%:80%;形成一套不断提高的管理体系,确保报警管理系统可持续优化与提高。

(2)建立一套报警管理数据库

为操作人员提供实时的操作支持与指导,同时可以通过历史数据库进行事故回顾与培训。

(3)建立一套可执行的报警管理机制与工作流程

结合报警管理的国际标准、最佳实践以及企业的实际要求,建立一套切实可行的报警管理机制和工作流程;通过授权可以限制不同角色的用户,使其只能访问该角色相关的数据和功能,实现单个装置、生产部门、区域以及公司级的分析、统计、调阅功能;项目实施周期受工厂规模影响,预计在6个月左右。

3.预期效益

(1)识别并消除干扰和多余报警,提高操作员对异常状况的响应效率和能力,从而提升工厂的安全性。

(2)减少异常状况发生的次数和波动的程度,从而减少非计划停车次数,减少生产损失,增加工厂的运行时间并提升安全性。

(3)形成一套不断提高的管理机制,确保以上两点好处可以被保持和提升。

(4)快速、彻底地进行事故评估。

(5)改进报警系统的分析、管理和监视。

(6)满足相关标准和法规的要求。

七、APC（先进控制）

在流程工业生产过程中,首先要求保证生产过程的稳定性。单回路PID控制是近七十多年来流程工业生产过程稳定操作的主要控制方法。然而,这种控制方法只是单变量的控制。对一些生产过程要求多变量综合控制,高品质控制等实现起来比较困难。

与单回路控制器相比,APC本质上集前馈(多变量模型预测)、反馈及优化于一体,通过减少关键工艺变量的波动,进而优化工艺装置操作,实现卡边控制。单回路控制一般是基于误差的控制,其关注对单个点的控制,或对非常有限的局部的控制(基于单回路调节的复杂回路控制,例如比值控制、串级控制、前馈控制、均匀控制、分程控制等等);APC是基于模型的多变量控制,其关注的往往是对一组工艺变量或一段工艺过程的整体控制,并在稳定控制的前提下,利用预定的、有效的操作手段,依据内置的线性或非线性规划优化算法的结果,将工艺过程推向优化操作点,并稳定在优化操作点。基于此,先进控制能降低操作成本,包括降低能耗、提高产品质量、提高产量、提前识别和预防操作问题、以较低的成本实现可持续效益以及更好地利用技术资源。

该系统由软测量技术、多变量预测控制和动态实时优化构成。利用基于模型的控制和对系统外干扰的补偿,极大地降低生产过程中关键操作变量的波动幅度,在此基础上实现提高装置创效能力的最终目标,实现工业过程效益最大化。该系统的全局动态优化技术对横跨多个单元及装置的多变量控制器进行协调优化,实现全厂或全区域的优化。

（一）方案实施内容

1.系统方案和详细设计。

2.工厂阶跃测试。

3.模型辨识。

4.控制器组态。

5.软件安装集成与调试。

6.系统培训等。

单套装置实施APC的大致周期通常在6~8个月左右,在线优化项目周期会更长。

（二）预期效益

根据国际权威机构统计,石化装置实施APC所得效益来自以下方面:

1.控制波动方差降低25%~50%。

2.装置加工处理量提高1%~5%。

3.产品收率提高1%~5%。

4.能耗降低5%~15%。

八、CPM（控制性能监控）

据行业统计,目前国内有相当多的企业,在针对DCS系统中的PID过程控制时,既缺乏维护,又缺乏有效的性能监控手段。这导致虽然DCS系统已交付使用,但其中的核心技术——PID过程控制缺乏系统全面的调试与整定工作。因此,这部分自动化资产没能为装置的稳定运行发挥坚实的作用。

控制性能监控技术是实时监控多套先进控制的有效手段,能及时地帮助维护工程师监控控制器性能,提示他们如何解决问题,保持先进控制一直运行在最佳状态,保证先进控制效益的持续性。

控制性能监控技术同时也可以为公司管理层提供准确的先进控制性能评估与分析统计报告,包括控制器有效投用率、模型质量、软仪表有效投用率等。通过有效的技术手段来提高过程控制应用的管理和监控水平,进而保证过程控制运行在高性能状况下。集团总部也可以利用系统提供的工具实现对各分公司自控的投用情况的有效监控,依据系统提供的相关指标和监控结果使得对各分公司的应用考核更科学、更准确。

项目将采用先进的控制回路性能管理与提升软件来协助企业建立一套稳定

高效的控制回路管理系统,并结合行业的最佳实践建立一套切实可行的控制回路性能管理与提升机制和工作流程。主要功能模块如下:

(一)监视模块

1.在一个屏幕上监视所有常规控制资产的性能。

2.跟踪性能,并确定不良资产。

3.当某个回路的性能低于基准时,通知相关人员。

4.通过采用基于状态的维护方法,降低维护成本高达30%。

5.通过提供更好的控制,提高工厂的性能和稳定性。

6.排除阀门黏附、过程扰动、回路耦合和分布式振荡等故障。

(二)PID整定模块

1.通过非侵入式的闭环测试进行PID整定。

2.同时对多个回路的测试、整定和趋势记录。

3.用新的整定参数模拟设定值和负荷响应。

4.在把它作为控制器设计之前,量化模型的质量。

5.自动回路测试过程采用二元测试法(双向),保持过程以设定值为中心。

6.从一个单一的应用程序管理全厂范围的参数整定。

7.使用过程建模技术。

8.用操作数据对付回路进行整定。

9.同时对串级主回路和付回路进行测试和整定。

九、OTS(操作员仿真培训系统)

OTS系统主要包括正常开车、正常运行、正常停车、紧急停车、事故处理及以上工况组合等项目,并能同时实现OTS系统中事故和干扰的任意设定与组合功能。特别是在事故处理工况下,可对事故和干扰发生条件的自定义设定,实现事故场景仿真模拟,提高事故应对实际能力。其主要有仿真教师站、仿真学员站、培训过程监控、仿真课程管理、仿真培训班管理、仿真考试管理、查询统计等功能。

OTS系统操作页面请扫描以下二维码查看。

（一）方案实施内容

1.使用真实DCS操作员站、工程师站软件,建立组分数据库、热力学模型、单元操作平台。

2.直接使用装置DCS控制策略组态数据及流程图画面组态文件,进行稳态模拟和动态建模。

3.采用实际设备数据进行仿真建模,如实反映设备的动态特性和动态响应。

（二）方案实施周期

实施一套装置OTS项目的周期通常在10个月左右。

（三）预期效益

采用OTS带来的主要效益如下:

1.加速生产投运,增加工厂利润。

2.避免生产事故,维持工厂利润。

3.保护企业的资产和生产环境。

十、实时数据库

实时数据库通过对来自工厂各个层面(PCS、LIMS、ERP等)数据的高效、持续采集与综合处理,为工厂生产决策提供坚实可靠的信息依据。通过数据库包含的功能模块可以实现如下功能:①对来自生产过程中的各类实时数据进行及时、高质量采集和集中、稳定存储;②对各种信息进行整合,挖掘和提炼,为信息系统的各种应用程序提供统一的数据来源;③通过开放标准(OLE DB/ODBC、XML、OPC等)和自动化接口(API),与基于此平台的其他应用软件协同工作;④通过各种桌面应用程序,实现对数据的自动分析处理,生成趋势报告等实用信息。

（一）基本功能

本项目中实时数据库要实施的基本功能如下:①对来自过程控制系统(PCS)、实验室信息管理系统(LIMS)等层面的数据进行采集与存储;②信息发布,报表、趋势与流程信息的图形化显示;③与Windows操作系统集成的基于角色的数据安全管理;④与第三方系统的信息与数据交换;⑤手工数据的录入与存储;⑥关键性能指标(KPIs)的计算;⑦事件与报警信息记录。

实时数据库的数据流示意图如下图所示:

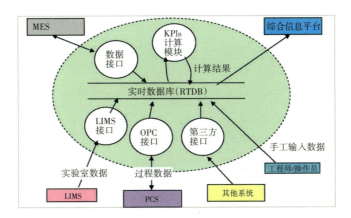

实时数据库的数据流示意图

（二）架构与模块功能

1. 数据组织

实时数据库以位号（Tag）作为基本的信息单位，一个Tag数据包括：过程值、质量、时间标签；每一个Tag可以包括一系列与DCS相对应的属性：描述、工程单位、高报、低报等，数据库支持通过OPC对Tag属性自动读取与更新，减少了工程实施中的重复劳动；通过位号模板和功能块模板，提供对相同类型数据的快速组态功能，实现与PCS流程数据的直观匹配。

2. 数据采集

实时数据库系统完全兼容所有OPC工业标准（OPC DA/HDA/A&E/Batch），与业界主流OPC服务器软件包实现无障碍协同工作，实现对工厂控制系统（DCS、PLC、SCADA等）数据的稳定、持续地采集与存储。

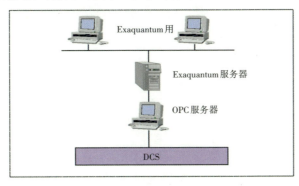

LIMS数据采集

根据用户所采用的LIMS系统的特定规范,为用户提供量身定制的LIMS数据接口。

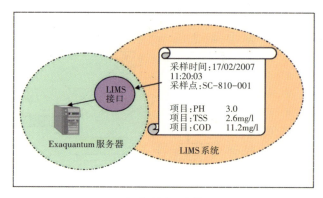

文本数据采集

支持数据以特定的文本格式自动化批量导入。

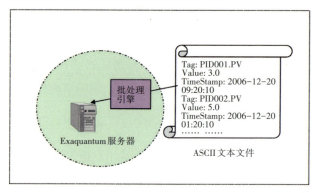

其他数据采集

提供功能强大的自动化API接口和组件,使用户在任何一个实时数据库客户端上,通过不同的编程环境(MS Excel VBA、VBScript、VB6、VB.NET、C#等),在用户权限许可的情况下与实时数据库进行数据交换。OPC服务器可选软件包使实时数据库实现标准OPC服务器功能,使第三方软件通过OPC接口与实时数据库实现直接的数据通信。

3.数据存储

通过对数据采样频率和数据Deadband(死区)的设置,以特定精度实现对数据的长期在线保存;所有历史数据沿时间轴排列,支持对历史数据的插入与修改(权限许可);自动实现对指定时间范围的历史数据进行删除、转存与恢复功能,有效提高对服务器硬盘的利用率。

4.数据分析与应用

对历史数据的自动统计集合功能如下：①对于连续数据，可以进行平均值、最大值、最小值、累计值、标准偏差的计算；②对于离散数据，实现有效状态次数和有效状态时间的计算；③系统缺省的统计时间区间有每小时、每天和每月，用户可以添加自定义的统计区间，从最短2分钟到最长24小时；④以图形化的方式为管理层和操作员层提供形象、直观的报告与分析功能。

十一、LIMS（实验室信息管理系统）

（一）概述

项目方案以质检部门为中心，围绕质量管理工作相关的各业务部门实施，对全厂质量业务和数据进行集中、网络化管理。通过实施实验室信息管理系统（LIMS系统），将在以下几个方面获得显著效果：①质量数据共享与快速传递；②质量数据安全存储；③提高实验室管理水平；④提高检验数据采集自动化水平；⑤规范分析检测工作流程；⑥提高检验数据可靠性；⑦强化质量控制能力；⑧提升质量管理工作水平；⑨降低实验室运行成本；⑩完善企业信息化管理体系。

（二）供应商

北京三维天地科技有限公司、北京新翔创维科技有限公司。

（三）建设费用

概算：300万。

（四）建设周期

预计一年。从分析仪器选型完成开始计算。

（五）详述

通过该系统将实验室的自动化分析仪器与计算机网络进行联接，自动采集分析数据，按照ISO/IEC 17025实验室管理体系对样品检测过程和实验室资源进行严格管理，实现从原料进厂、生产中间控制直至成品出厂的全过程质量数据管理，以及全厂范围内质量数据的快速传递与共享。

按照ISO/IEC 17025标准中的样品管理要求来设计工作流，以样品检测过程为主线，包括检验计划维护、检验任务生成、样品分配、记录采样信息、数据输入、数据审核、数据输出、生成检验报告、记录留样信息、查询历史数据及质量抱怨等全过程。

对影响分析数据和质量的关键因素进行严格管理和控制,使之符合实验室标准化管理规范要求,达到提高分析人员素质、提高设备利用率、控制和降低实验成本、完善实验室质量管理体系的目的。

1.数据采集

自动化分析仪器将与LIMS系统进行联接,实现分析检测数据的自动采集与传输;自动采集的数据包括原始记录、分析结果及图谱等多种类型;LIMS系统可联接包括模拟信号、数据工作站(ACEESS、EXCEL、TEXT、PDF等文件格式)及RS232等接口方式的仪器,仪器接口具有很好灵活性,用户可自行完成新购置仪器与LIMS系统的联接,无需供应商协助。

2.系统性能

具有足够的存储容量,满足运行的全部生产装置产生的质量数据存储空间要求。

3.标准要求

系统符合ISO/IEC 17025标准和国家标准GB/T 27025-2019,协助该项目质检部门朝更加规范的方向发展;电子数据存储和电子签名符合FDA 21 CFR Part 11规范。

4.系统安全性及维护

该系统具有数据安全及保密控制机制,严格控制不同级别用户访问的数据范围和读写性;具有数据审计功能,自动保留数据的修改记录,并可溯源;LIMS数据库的备份可按用户设置的备份频率自动完成,备份的数据文件可转存至其他机器或介质中;LIMS数据库的还原操作是简单的,方便用户日常维护;提供便捷的用户界面开发工具,可以开发自定义报表等;提供API(应用程序接口)、ActiveX、C#、VB、VC、WebService(网络服务)等二次开发接口,需包含开发包或实例。

第四节　企业资源计划平台(ERP)

一、概述

ERP系统是Enterprise Resource Planning(企业资源计划)的简称,是20世纪90年代美国一家IT公司根据当时计算机信息、IT技术发展及企业对供应链管理的需求来建设的,预测在今后信息时代企业管理信息系统的发展趋势和即将发生的变革,而提出了这个概念。

ERP是针对物资资源管理(物流)、人力资源管理(人流)、财务资源管理(财流)、信息资源管理(信息流)集成一体化的企业管理软件,其核心思想是供应链管理。它跳出了传统企业边界,从供应链范围去优化企业的资源,优化了现代企业的运行模式,反映了市场对企业合理调配资源的要求。它对于改善企业业务流程、提高企业核心竞争力具有显著作用。

ERP主要功能模块包括供应商管理、客户关系管理、采购管理、销售管理、仓存管理、生产计划、生产任务管理、质量管理、人力资源管理、财务总账、存货核算、应收应付、成本管理、资产管理等。近几年,ERP软件厂商在不断地扩大自己的边界,出现了设备管理、项目管理等业务领域的相关模块。

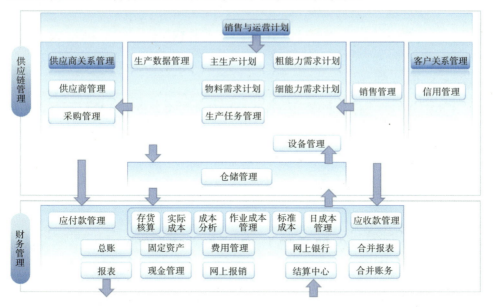

金碟ERP软件构架

SAP HANA 的 ERP 软件构架

二、供应商

近三十年来,全球及我国ERP行业发展迅速。多家供应商推出了各自主打且成熟的ERP软件。在国际市场上,SAP、Oracle为主要供应商;而在国内市场,金碟和用友占据主导地位。此外,神州数码、浪潮也有相应的ERP产品。

三、建设费用

视建设内容而定。

四、建设周期

建议采用"整体规划、分步实施、重点突出、效益驱动"的建设原则,一期先启动财务(应收应付、总账)、供应链(采购、销售、仓存)模块,预计需要10个月(8个月实施,2个月调整);二期实施生产制造管理(生产计划、成本、设备管理)、一期业务优化,预计需要6个月;三期实施专项业务提升(人力资源、实际成本、资产等),预计需要6个月。

ERP项目需要根据企业实际管理需要,分步实施,整体上线最少需要1~3年。

第五节　大数据平台

一、建设背景

《中国制造2025》中对智能制造的定义为："智能制造技术是在现代传感技术、网络技术、自动化技术、拟人化智能技术等先进技术的基础上,通过智能化的感知、人机交互、决策和执行技术,实现设计过程、制造过程和制造装备智能化,是信息技术和智能技术与装备制造过程技术的深度融合与集成。"

在国家智能制造2025的大背景下,企业也面临着降本、增效、提质的挑战。虽然随着企业业务的增长,各种有价值的数据量激增,但没有很好地整合、分析与挖掘它应有的价值。利用大数据平台,通过整合各系统数据,以科学的分析手法,帮助推动公司业务的发展,使得工厂的制造更智能化,做到快速响应与准确预测的需求迫在眉睫。在工业领域中合理地运用大数据技术,能有效促进企业信息化发展,提升企业生产运行效率,加速生产信息在制造过程中的流动,助力企业升级转型并形成全新的智能制造模式。

二、建设目标

工业大数据是工业生产过程中全生命周期的数据总和,包括产品研发过程中的设计资料,产品生产过程中的监控与管理数据,产品销售与服务过程的经营和维护数据等。从业务领域来看,可以分为企业信息化数据、工业物联网数据和外部跨界数据。现阶段工业企业大数据存在的问题包括数据来源分散、数据结构多样、数据质量参差不齐、数据价值未有效利用等情况。

工业大数据技术的应用,核心目标是全方位采集各个环节的数据,并将这些数据汇聚起来进行深度分析,利用数据分析结果反过来指导各个环节的控制与管理决策,并通过效果监测的反馈闭环,实现决策控制持续优化。如果将工业互联网的网络比作神经系统,那工业大数据的汇聚与分析就是工业互联网的大脑,是工业互联网的智能中枢。

工业大数据系统的建设首要解决的是如何将多来源的海量异构数据进行统一采集和存储。工业数据来源广泛,生产流程中的每个关键环节都会不断地产生大量数据,例如设计环节中非结构化的设计资料、生产过程中结构化的传感器及监控数据、管理流程中的客户和交易数据,以及外部行业的相关数据等,不仅数据结构不同,采集周期、存储周期及应用场景也不尽相同。这就需要一个能够适应多种场景的采集系统对各环节的数据进行统一的收集和整理,并设计出合理的存储方案来满足各种数据的留存要求。同时需要依据合适的数据治理要求对汇入系统的数据进行标准和质量上的把控,根据数据的类型与特征进行有效管理。之后就需要提供计算引擎服务来支撑各类场景的分析建模需求,包括基础的数据脱敏过滤、关联数据的轻度汇总、更深入的分析挖掘等。这些都需要为工业大数据系统选择合适的基础架构作支撑。

建设工业大数据系统能有效地整合工业生产各个环节零散的数据,进行统一的收集、管理和应用,在产品环节全面地收集用户需求,在生产环节有效优化装置运行。

大数据可对安全管理、生产管理、能源管理、设备管理、研发工作、资金管理、人事管理等进行优化、预测,可以发挥产生巨大的价值。

三、重点建设问题

建设企业级工业大数据系统,需要解决多个层面的问题。业务层面需要对各个环节的数据进行梳理和分析,形成完善的数据体系,来描述完整的工业生产流程;技术层面需要建立统一的大数据系统来汇集和处理工业全流程的数据,其中需要根据具体的业务场景选择合适的技术架构,系统建设中需要重点考虑的问题包括以下四个方面:

如何采集来自多种数据源的异构数据?

如何按照不同的数据留存需求进行高效存储?

如何按照业务需求选择数据计算引擎和处理工具?

如何保障系统的安全和稳定运行?

四、建设方案

(一)技术架构概述

总体技术架构可以总结为数据采集与交换、数据集成与处理、数据建模与分析和数据驱动下的决策与控制应用四个层次,功能架构见下图:

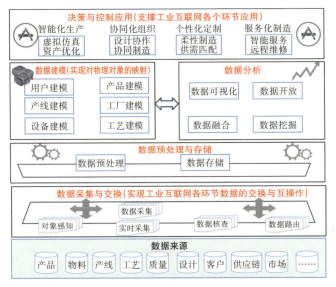

工业大数据数据体系参考架构

1. 采集交换层

主要指从传感器、SCADA、MES、ERP等内部系统，以及企业外部数据源获取数据的功能，并实现在不同系统之间数据的交互。

2. 集成处理层

从功能上，主要将物理系统实体的抽象和虚拟化，建立产品、产线、供应链等各种主题数据库，将清洗转换后的数据与虚拟制造中的产品、设备、产线等实体相互关联起来。从技术上，实现原始数据的清洗转换和存储管理，提供计算引擎服务，完成海量数据的交互查询、批量计算、流式计算和机器学习等计算任务，并对上层建模工具提供数据访问和计算接口。

3. 建模分析层

功能上主要是在虚拟化的实体之上构建仿真测试、流程分析、运营分析等分析模型，用于在原始数据中提取特定的模式和知识，为各类决策的产生提供支持。从技术上，主要提供数据报表可视化、知识库、机器学习、统计分析和规则引擎等数据分析工具。

4. 决策控制层

基于数据分析结果，生成描述、诊断、预测、决策、控制等不同应用，形成优化决策建议或产生直接控制指令，从而对工业系统施加影响，实现个性化定制、智能化生产、协同化组织和服务化制造等创新模式,最终构成从数据采集到设备、生产现场及企业运营管理优化的闭环。

(二)详细技术架构

1.数据采集

随着工业制造中各层的精细化与制程的高密度化,工业制造所产生的数据必然形成多个等级的增长。面对如此庞大与多样的数据整合问题,企业必须有整体统一的数据汇聚与应用策略,设计通用可靠的数据采集机制,来满足各方面的数据采集需求。数据采集的完整性、准确性,决定了数据应用是否能真实可靠地发挥作用。因此,在建设数据采集系统时,建议着重考虑以下五个要求:①数据接口通用性。由于新技术更新换代较频繁,需要进行版本管理,并定期更新接口,建议用统一的数据交换格式来适应接口频繁更新的情况,使接口能够快速调整。②支持广泛的数据源。采集技术需支持尽可能多的数据源端。③支持横向扩展。当设备增加时,所造成的性能瓶颈须能通过横向扩展的方式解决。④保证数据不遗失。采集过程中须确保数据准确地、不遗失地送达处理层与储存层。⑤避免增加基础建设复杂度。在不断扩充设备的情况下,采集技术不应增加基础建设扩展时的负担。

从工业数据的来源进行分类,主要包括管理系统、生产系统、外部数据三大方面的数据来源。从数据采集的全面性上看,不仅要涵盖基础的结构化交易数据,还将逐步包括半结构化的用户行为数据、网状的社交关系数据、文本或音视频类型的用户意见和反馈数据,设备和传感器采集的周期性数据,以及未来越来越多有潜在意义的各类数据。下表整理出了一些工业大数据系统中常见的数据源及其数据特性,以供参考:

常见工业数据源分类

分类	系统类型	典型系统	数据结构	数据特点	实时性
管理系统	设计资料	产品模型、图纸文档	半结构化/非结构化	类型各异、更新不频繁、是企业核心数据	批量导入
	价值链管理	供应链SCM、客户关系CRM	结构化/半结构化	没有严格的时效性要求,需要定期同步	批量导入
	资源管理	ERP/OA、MES、PLM、EMS、WMS、能源管理系统	结构化	没有严格的时效性要求,需要定期同步	批量导入

续表

分类	系统类型	典型系统	数据结构	数据特点	实时性
生产系统	工业控制系统	DCS、PLC	结构化	需要实时监控，实时反馈控制	实时采集
	生产监控数据	SCADA	结构化	包含实时数据和历史数据	实时采集/批量导入
	各类传感器	外挂式传感器、条码、射频识别	结构化	单条数据量小，并发度大，结合IoT网关	实时采集
	其他外部装置	视频摄像头	非结构化	数据量大、低时延，要求网络带宽和时延	实时采集
外部数据	外部数据	相关行业、法规、市场、竞品、环境数据	非结构化	数据相对静止，变化较小，定期更新	批量导入

（1）管理系统数据采集

这里讨论的管理系统的数据包括了工业产品的设计资料、价值链管理数据及生产过程中的资源管理数据。

设计资料：设计资料大多来源于传统工业设计和制造类软件，如：CAD、CAM、CAE、CAPP、PDM等。这类数据主要是各类产品模型，以及相关的图纸或电子文档，大多数为非结构化数据。这些设计类数据的采集对时效性要求不高，只需定期批量导入大数据系统。

价值链管理数据：价值链数据主要指企业生产活动中上下游的信息流数据，主要来源于供应链管理系统（SCM）、客户关系管理系统（CRM）等。这类数据主要包含供应链信息和客户信息，通常是规范的结构化数据，采集时对时效性要求不高，只需按业务分析要求的更新周期定期批量导入大数据系统。

资源管理数据：资源管理数据的来源主要是生产环节的各类管理系统，包括企业资源计划系统（ERP/OA）、生产管理系统（MES）、产品生命周期管理系统（PLM）、环境管理系统（EMS）、仓库管理系统（WMS）、能源管理系统等。这类数据主要描述了生产过程中的订单数据、排程数据、生产数据等，大多数为标准的结构化数据，采集时对时效性要求不高，只需按业务分析要求的更新周期定期批量导入大数据系统。

（2）生产系统数据采集

这里讨论的生产系统数据主要来自工业控制系统、生产监控系统、各类传感器及其他外部装置。

工业控制系统数据：工业控制系统数据的来源主要包括分散控制系统(DCS)及可编程逻辑控制器(PLC)系统。通常DCS与PLC共同组成本地化的控制系统，主要关注控制消息管理、设备诊断、数据传递方式、工厂结构，以及设备逻辑控制和报警管理等数据的收集。此类数据通常为结构化数据，且数据的应用通常对时效性要求较高，需要数据能及时地上报到上层的处理系统中。

生产监控数据：生产监控数据主要来源于以SCADA为代表的监视控制系统。SCADA系统的设计用来收集现场信息，将这些信息传输到计算机系统，并且用图像或文本的形式显示这些信息。这类数据也是规范的结构化数据，但相对DCS系统和PLC系统来说，SCADA系统可以提供实时的数据，同时也能提供历史数据。因此在考虑数据的采集策略时，需要根据上报数据的类型来选择是实时采集或是批量导入。

各类传感器：在生产车间的很多生产设备并不能提供生产数据的采集和上传，因此需要通过外接一套额外的传感器来完成生产数据的采集。外挂式传感器主要用在无生产数据采集的设备或者数据采集不全面的设备上，以及工厂环境数据的采集。同时外挂式传感器根据使用现场的需求，可以采用接触式的传感设备和非接触式的传感设备。此类数据的单条数据量通常都非常小，但是通信总接入数非常高，即数据传输并发度高，同时对传输的实时性要求较高。

其他外部装置：其他外部装置产生的数据以视频摄像头为例，数据主要来源于对产品的质量监控照片、视频，或者是工厂内的监控视频等。此类数据的特点是数据量大，传输的持续时间长，需要有高带宽、低时延的通信网络才能满足数据的上传需求。对于其他不同于视频数据的外部装置数据，需要针对数据的特性进行采集机制的选择。

（3）外部系统数据采集

外部系统数据主要来源于评价企业环境绩效的环境法规、预测产品市场的宏观社会经济数据等，此类数据主要用于评估产品的后续生产趋势、产品改进等方面，与管理系统的数据采集类似，可以通过标准的RJ45接口进行数据的传输。通常本类数据相对稳定，变化较小，因此数据的上传频次较低。

综合上述多类数据源的采集场景和要求，系统的集成导入应同时具备实时接入（如工业控制系统数据、生产监控系统数据、各类传感器）和批量导入（如管理系统、外部数据）的能力，同时能根据需要提供可定制化的IoT接入平台。具体建设要求如下：

对于需要实时监控、实时反向控制类数据，可通过实时消息管道发送，支持实时接入，如工业控制系统数据、生产监控系统数据等。建议可采用如 Kafka、Fluentd 或是 Flume 等技术，这类技术使用分布式架构，具备至少传输一次数据的机制，并为不同生成频率的数据提供缓冲层，以避免重要数据的丢失。

对于非实时处理的数据，可采取定时批量地从外部系统离线导入，必须支持海量多源异构数据的导入，如资源管理数据、价值链数据、设计资料等。建议可采用 Sqoop（SQL to Hadoop）等数据交换技术，实现 Hadoop 与传统数据库（MySQL、Oracle、PostgreSQL 等）间大批量数据的双向传递。

当系统中有大量设备需要并发且多协议接入时，如各类传感器件，可部署专业 IoT 接入网关，IoT 接入平台需同时具备支持 TCP、UDP、MQTT、CoAP、LwM2M 等多种通信协议的能力。在面对各类传感器的数据采集时，可以结 RFID、条码扫描器、生产和监测设备、PDA、人机交互、智能终端等手段采集制造领域多源、异构数据信息，并通过互联网或现场总线等技术实现源数据的实时准确传输。有线接入主要以 PLC、以太网为主。无线接入技术种类众多，包括条形码、PDA、RFID、ZigBee、WiFi、蓝牙、Z-wave 等短距离通信技术和长距离无线通信技术。其中，长距离无线技术又分为两类，包括工作于未授权频谱的 LoRa、Sigfox 等技术和工作于授权频谱下传统的 2G/3G/4G 蜂窝技术及 3GPP 支持的 LTE 演进技术，如LTE-eMTC、NB-IoT 等。

2. 数据存储

工业大数据系统接入的数据源数量大类型多，需要能支持 TB 到 PB 级多种类型数据的存储，包括关系表、网页、文本、JSON、XML、图像等数据库，应具备尽可能多样化的存储方式来适应各类存储分析场景，总结为如下表格：

各类存储对应适用场景

类型	典型介质	适用场景
海量低成本存储	对象存储、云盘	海量历史数据的归档和备份
分布式文件系统	HDFS、Hive	海量数据的离线分析
数据仓库	MPP、Cassandra	报表综合分析、多维随机分析
NoSQL 数据库	HBase、MongoDB	各类报表文档，适用于简单对点查询及交互式查询场景

类型	典型介质	适用场景
关系型数据库	MySQL、SQL Server、Oracle、PostgreSQL	适用于交互式查询分析
时序数据库	InfluxDB、Kdb+、RRDtool	依据时间顺序分析历史趋势、周期规律、异常性等场景
内存数据库	Redis、Memcached、Ignite	数据量不大且要求快速实时查询场景
图数据库	Neo4j	分析关联关系及具有明显点/边分析的场景
文本数据索引	Solr、ElasticSearch	文本/全文检索

在不同的工业数据应用场景中,数据存储的介质选择十分重要,下面列举一些经典的使用场景来介绍如何选择存储技术:

(1)实时监控数据展示:通常情况下实时采集的监控数据在进行轻度的清洗和汇总后会结合WebUI(Website User Interface,网络产品界面设计)技术实时展现生产线的最新动态。这类及时性互动性高的数据一般使用内存数据进行存储,如Redis、Ignite等技术,可以快速响应实时的查询需求。

(2)生产线异常的分析与预测:使用机器学习技术对产线数据进行深入挖掘分析运行规律,可以有效地对生产线的异常进行分析和预测,进而改善制程、减少损失、降低成本及人为误判的可能性。这类用于分析的历史数据一般选择使用HDFS(Hadoop Distributed File System,Hadoop分布式文件系统)、Cassandra等分布式储存,适用于海量数据的探索和挖掘分析。同时,对于这类与时间顺序强相关的分析场景,数据的存储可以选择InfluxDB这类时序数据库,可以极大提高时间相关数据的处理能力,在一定程度上节省存储空间并可极大地提高查询效率。

(3)商业智能:如果需要整合多种数据来制作商业策略性报表,适合使用结构化存储,比如传统的关系型数据库MySQL、Oracle等。如果需要考虑性能和及时性,可以考虑分类存储至NoSQL数据库,如Cassandra、HBase与Redis等。

3.数据计算

大数据系统通常需要能够支持多种任务,包括处理结构化表的SQL引擎、计算关系的图处理引擎和进行数据挖掘的机器学习引擎,其中面向SQL的分析主要有交互式查询、报表、复杂查询、多维分析等。

各类计算引擎对应适用场景

类型	典型介质	适用场景
实时计算引擎	Storm、Spark Streaming、Flink	设备监控、实时诊断等对时效性要求较高的场景
离线计算引擎	MapReduce、Spark、Hive	适用于大数据量的,周期性的数据分析,例如阶段性的营销分析,或生产能耗分析等
图计算引擎	GraphLab、GraphX	适用于事件及人之间的关联分析,比如建立用户画像进行个性化定制或营销
数据综合分析OLAP	MPP	产线或销售环节的综合报表分析
业务交互查询OLTP	MySQL、SQL Server、Oracle、PostgreSQL	交互式查询分析
分布式数据库中间件	Cobar、TTDL、MyCat	海量数据高并发时的弹性扩容解决方案
数据挖掘能力	Spark、TensorFlow	需要迭代优化的数据挖掘场景,如故障预测、用户需求挖掘等

（1）实时计算引擎：包括 Storm、Spark Streaming、Flink 等业界通用架构,适用于基于窗口或消息的实时数据处理,结果响应的时延要求在毫秒级。

（2）离线计算引擎：包括 MapReduce、Spark、Hive,适用于批数据分析和定时分析等。

（3）图计算引擎：适用于事件及人之间的关联关系分析。

（4）数据综合分析 OLAP：如 MPP 数据库,适用于综合报表分析。

（5）业务交互查询 OLTP：如 MySQL、SQL Server、Oracle、PostgreSQL 等,适用于交互式查询分析。

（6）分布式数据库中间件：可解决数据库容量、性能瓶颈和分布式扩展问题,提供分库分表、读写分离、弹性扩容等能力,适用于海量数据的高并发访问场景,有效提升数据库读写性能。

（7）数据挖掘能力：为了能够匹配工业大数据决策与控制应用的五大场景,特别是诊断类、预测类、决策类应用闭环的要求,系统应该具备完善的机器学习、深度学习、图计算等平台级能力。机器学习能力如基于开源 Spark 框架推出的算法库 MLlib、GraphX 等;深度学习有 TensorFlow、Caffe、MXNet 等平台;图计算能力,业界相对比较流行的开源产品有 Titan,另外还有很多优秀的商业产品可供选择。

总体来说,大数据平台的计算组件应该能够支持批量和实时两大类任务,同时具备精细化的任务和资源调度的能力。

4.混合云架构

云计算平台,使公司能够以快速、简单和可扩展的方式创建和管理大型、复杂的IT基础设施(包括虚拟服务器、网络、应用、存储设备等),能让企业用户把他们的电脑和移动设备中的占据大量资源的数据转移到更大、更安全的服务器上。云计算平台可以是供应商提供的商业云平台,也可以是企业自建的私有云平台。

2009年7月22日,IBM与全球财富500强企业中国中化集团公司(以下称"中化集团")一同召开了企业云计算平台新闻发布会。作为全球首个企业云计算项目,中化集团借ERP系统全面升级的契机,成功应用了IBM大中华区云计算中心(IBM Cloud Labs & HiPODS)提供的解决方案,将ERP系统部署于跨越两个数据中心的云端。不仅实现了ERP系统升级的平稳过渡,还使得企业内部的IT基础设施以及各类软件应用未来能够运行得更加灵活。

结合工业企业的IT现状和对数据安全、建设成本等因素的综合考量,可以引入混合云架构来满足现代工业大数据建设的诉求。对实时性要求高,与生产强相关,特别是需要及时闭环控制的应用系统可部署在线下,而大数据的分析类、预测类应用可以部署在云上,尤其是偏物联网的应用,这样可以有效均衡架构的私密性、便捷性、可维护性及性价比。

部署选型建议

类型	建议
本地化部署	控制系统、ERP、MES等需要实时反馈 或者对数据安全要求较高的适合本地化部署
云上部署	偏物联网相关分析类、预测类应用可以选择云上部署

5.基础业务能力

首先要考虑工业大数据系统功能的完整性,即支撑大数据应用全生命周期的基础业务能力,例如接入、存储、分析等。基础业务能力的考虑方向主要包括数据导入、数据标准化、存储与计算、多任务引擎等几方面。

(1)数据导入

大数据系统必须支持海量多源异构数据导入,具体来说需要支持传统数据库、本地、FTP等多种数据源;支持结构化、半结构化和非结构化数据的导入;支持定时、实时、循环任务的数据导入方式。

（2）数据标准化

系统需要提供能够对数据进行有效处理和管理的工具能力，使进入系统的数据符合企业的数据治理要求，保证平台数据的完整性、有效性、一致性、规范性、开放性和共享性。

（3）数据存储和计算

大数据平台应该能支持TB到PB级多种类型数据的存储，包括关系表、网页、文本、JSON、XML、图像等数据库。平台的计算组件应该能够支持批量和实时两类任务，同时具备精细化任务和资源调度的能力。

（4）多任务引擎

数据平台需要能够支持多种任务，包括处理结构化表的SQL引擎、计算关系的图处理引擎和进行数据挖掘的机器学习引擎。其中面向SQL的分析主要有交互式查询、报表、复杂查询、多维分析等。

①基础分析模型。大数据系统应具备基础的业务分析模型，能够针对特定场景的分析要求，进行自动化的业务自助分析。

②可视化报表工具。大数据系统应具备提供生产可视化报表的能力，需要提供常用的折线图、柱状图、饼图、表格等组件，并支持自定义可视化组件或第三方可视化工具。

6.数据管理能力

工业大数据系统的基础数据管理能力应包括以下几项：

（1）数据标准制定

工业大数据系统需要支持统一的数据标准制定，使用合理的数据标准，可以有效约束平台数据的完整性、有效性、一致性、规范性、开放性和共享性，从而提高企业进行数据治理的水平。

（2）数据模型管理

数据模型是对数据特征的抽象，用于描述一组数据的概念和定义。大数据系统中的数据模型管理应支持数据模型的设计、数据模型和数据标准词典的同步、数据模型的审核发布、差异对比、版本管理等。能有效指导企业进行数据整合，提高数据质量。

（3）元数据管理

元数据是描述数据的数据。大数据系统中的元数据管理能对数据进行有效的解释说明,并有助于企业理解数据的真实含义。

(4)数据质量管理

数据质量是保证数据应用的基础。大数据系统中的数据质量管理机制需要能保证数据的完整性、规范性、一致性、准确性、唯一性和关联性,来帮助企业获得高质量的、结构清晰的数据,以更好地服务上层应用。

(5)生命周期管理

生命周期管理是指对数据产生、存储、传输、使用和删除的全过程进行管理,依据不同数据在不同阶段的价值实施不同的管理策略,降低存储成本,提升数据价值,以达到最高效的管理效果。

(6)数据安全管理

大数据系统应具备针对数据的安全管理策略,从隐私保护、信息加密、鉴权控制、日志审计等多个方面确保数据安全,做到事前可管、事中可控、事后可查。

(7)数据开放

数据开放主要指基于数据资源,开展数据共享和交换,通过各种管控机制的保障,使数据能通过标准化接口方式提供给外部需求方,发挥更大的价值。

7.运维管理能力

大数据平台在生产环境下的部署、运行与维护,需要做到高可靠、简操作、易扩展,避免后期维护产生高昂成本。需要从大数据平台的运维能力、弹性扩展能力和安全防护能力等几个维度考虑。

(1)运维能力

支持一键式或者向导式的安装部署;支持集群平滑升级;能够对集群、各类组件、任务状态进行监控,进行启动、停止、增加、卸载等常规操作,并能够配置集群的各项参数;能够收集集群和组件的运行的日志,对日志进行检索和下载;能通过界面、邮件、短信等形式对集群的各类故障进行告警,能够在界面对告警值域进行配置;支持运维用户的角色分类,支持用户账号的增、删、改,细粒度的权限分配。

(2)弹性扩展能力

大数据系统需要能随着数据和业务的快速发展而自由扩展,可扩展性是大数据平台的重要能力之一。一是要支持集群的水平与垂直扩展,提升大数据平台的存储和计算能力;二是实现数据的快速分布和自动均衡,无需人工过多干预。

（3）高可用性

大数据系统需要支持包括数据节点、服务节点、网络环境的主备切换能力，从而保证服务的延续性。

（4）备份管理

大数据系统需要具备风险预防机制和灾难恢复措施，系统中的数据需要按照不同类别进行不同周期、不同方式和地理位置的区分备份。

8.安全管理

安全管理的目的是保证系统安全运行，与此同时防止系统受到外来攻击、破坏和非法访问，需要在不同层次利用多种手段来保证系统的安全。安全管理主要包括系统的主机安全、网络安全、数据安全、应用安全以及数据访问审计日志等功能。

安全指标考量大数据系统是否能够提供基本的安全方案，以防止恶意的访问和攻击，防止关键数据的泄露，可以从以下几个方面考量：

（1）主机安全。大数据系统需要选择安全的操作系统版本，并对操作系统进行基础的安全配置和安全加固，以确保系统安全、可靠、高效地运行。

（2）网络安全。网络系统和服务器系统具有入侵检测的功能，可监控可疑的连接、非法访问等，采取的措施包括实时报警、自动阻断通信连接或执行用户自定义的安全策略。网络和服务器系统能定期检查安全漏洞及病毒，根据扫描的结果更正网络安全漏洞和系统中的错误配置；使用加密技术对在互联网上传输的重要数据进行加密。与外部系统连接配置防火墙设备，并定义完备的安全策略。

（3）数据安全。数据安全是保证数据库和其他文件只能被授权用户访问和修改，防止在本地存储或者网络传输的数据受到非法篡改、删除和破坏。数据相关的安全控制包括数据加密、访问控制、数据完整性、数据防篡改。

（4）应用安全。需要对账号进行集中管理和统一认证，并对操作进行记录和审计，防范SQL注入、防范跨站攻击等。

（5）日志审计。对设备日志、操作系统日志、系统平台日志、应用日志等进行留存和审计。

9.性能要求

需要全面考察平台在不同数据规模和任务场景下的性能表现；主要的指标

有吞吐量、响应时间、最大并发数等;实际性能表现需要对平台进行测试,典型的测试场景包括根据自身业务确定的单项任务和多种混合任务测试,以及压力测试和稳定性测试。

考虑到大数据系统运营的基本需求,需要考察以下性能项:

性能要求明细

性能	性能要求
平台性能	计算引擎处理能力
	请求响应时延
	支持用户数
	支持并发数
数据抽取性能	准实时数据更新时延
	日增量数据更新时延
	月数据更新时延
网络传输性能	网络传输速度
数据导出性能	数据导出吞吐量
可靠性性能	主备机保证系统7×24小时不间断工作
	告警通知时延
	每年例外停机时间
	主备机切换间隔
	系统平均无故障时间

10.开放与兼容性

大数据系统的建设,还需要考虑到开放性与兼容性,能够与既有系统无缝衔接,能够兼容支持各类数据源、外围协同系统及上层各类应用。

开放性:要求能够支持主流的开源技术,比如 Hadoop、Spark、MySQL、Greenplum 等开源社区技术,能够对相关的组件进行替换和更新,方便集成与优化。同时提供开放接口,支持与各类外部系统的对接。

兼容性:由于传统用户的大部分数据分析任务是以结构化数据为主的 SQL 任务,为了节约学习成本,实现平稳过渡,大数据系统要求能兼容更多的 SQL 的标准和语法;其次需要支持 JDBC、ODBC 等通用接口,从而保证对接传统的数据库、上层 BI 工具等各类上下游产品,方便系统和应用开发的便捷性;系统还需要能够支持异构的硬件和不同的操作系统,从而保证上层应用对于异构软硬件设备透明能力,充分利用各类资源。

11.预算清单及建设周期

(1)采购设备

采购设备明细

建设项目	设备名称	技术描述	数量	预算(万元)	备注
大数据平台建设	MPP数据库+Hadoop数据库	MPP主要针对结构化数据分析处理,Hadoop主要针对非结构化数据分析处理	1	100	
	数据采集模块	结合RFID、条码扫描器、生产和监测设备、PDA、人机交互、智能终端等手段采集制造领域多源、异构数据信息	1	100	
大数据应用建设	××大数据应用	数据建模实现数据分析	1	200	
小计			3	400	

(2)项目建设周期

根据项目方案的建设进展,整体信息化安全建设思路如下:

一期项目主要完成数据平台层建设,包括数据源梳理、数据采集、数据存储以及数据仓库的建设等。

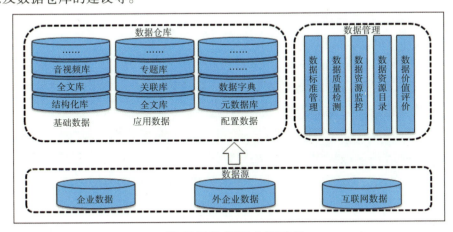

一期项目数据平台层建设

大数据平台搭建完成后,就要解决大数据整合的问题,从而提供数据全生命周期管理工作。数据整合主要分为如下几个步骤:

①数据ETL过程。数据分布在不同的部门、不同的系统、不同的数据库中,这就要求大数据平台需要提供分布式、高性能、高可靠性的云化ETL工具,将数

据加载到大数据平台。而基于云平台的大数据平台数据整合则要求服务厂商打通大数据平台与云平台直接的数据通道，提供专用的ETL工具，从而使大数据平台可以直接从云平台获取业务系统数据。

②数据存储过程。数据加载到大数据平台后需要根据数据的多样性、数据的异构性、数据的冷热属性存储到不同的平台上。

③数据安全管理过程。数据加密，数据权限控制，数据资源监控。

④数据建模过程。基于数据到大数据平台中的数据重新建模。

二期项目主要完成数据运营（应用）建设，在一期项目基础大数据平台上，实现数据变现。

数据运营建设

大数据平台数据整合完成后，需要建设数据运营平台，以对外提供服务，使大数据平台真正运营起来，能够为领导层提供决策依据并为办公带来便利，能够提供各种数据服务，例如即席查询、BI分析、数据可视化、数据分析挖掘处理、业务迁移、大数据创新应用等。

数据服务化，有三种模式：

第一种：DaaS（全称 Date as a Server），意思是"数据即服务"。举例来说，需要统计当前宏观经济情况，作为数据管理平台，大数据平台按照当前经济指标要求把不同数据整合成报表或可视化的图表，这就是DaaS的服务。

第二种：PaaS（全称 Platform as a Server），意思是"平台即服务"。尤其外部数据服务的时候，有些数据没有办法离开数据平台，提供各种各样数据分析挖掘的工具，用户在平台上用数据运行出需要的结果。对外提供通用大数据平台分析挖掘能力以及原生API接口，供应用厂商针对化工业务做一些研究项目、大数据应用分析，提高办公效率。

第三种：SaaS（全称 Software as a Server），意思是"软件即服务"。大数据平台搭建完成后，可以针对大数据平台做一些大数据应用软件，例如资产管理应用、生产效率效益应用、生产分析应用、生产经营分析应用等。以软件的形式对外提供服务，从而体现大数据平台运营价值。

项目建设规划明细

项目规划	建设时间	项目预算(万元)	备注
一期项目	一年	200	大数据平台建设
二期项目	一年	200	数据运营建设
小计		400	

第六节　门户平台

门户平台主要指协同OA管理平台,又称办公自动化系统(Office Automation),是指通过电脑或手机处理公司内部事务性工作,辅助管理,以提高工作效率,减少办公流程,降低办公成本,提升管理水平。

一、协同OA系统的作用

协同OA系统是企业管理类软件的典型代表,核心问题是如何提高企业日常的办公效率,从某种角度讲,文字处理、公文督办、流程审批、知识管理、档案管理、移动应用,以至于打印机、复印机以及办公软件都属于OA处理的范畴。它的作用主要有以下几个方面:

一是提高工作效率。建设一个整体的线上工作平台,无论是文件收发、流程审批,还是制度会审、知识库管理,各种日常内部工作都可以线上协同进行,理清部门之间、岗位之间的关系,防止工作积压、丢失、耗时等问题。

二是节约办公资源。无纸化办公可以大量降低纸张、耗材费用,无需手工纸质传递,同时减少不必要的人力耗费,基层员工可以抽出更多的时间用于研究业务和生活学习。

三是整合各类信息,提供决策支持。OA的数据采集功能、信息整合功能可以大幅提高信息资源的流转效率,更好地发挥信息的应用价值,实现实时工作任务的监督与催办,提供更好的决策支持和企业资料数据库。

四是提升企业形象。OA可以实现管理的规范、无私、科学,提供平等互动的交流平台,增加团队协作沟通能力;形成健康、积极的文化氛围,增强组织的凝聚力;有利于对外宣传、提升企业整体形象。

二、协同OA系统对企业员工的帮助

对于普通员工而言,OA是事务/业务处理系统,为办公室人员提供良好的办公手段和环境,使之准确、高效、愉快地工作。

对于中层管理者而言,OA是信息管理系统(IMS),OA利用业务各环节提供的基础"数据",提炼出有用的管理"信息",把握业务进程,降低管理成本,提高管理效率。

对于高层领导而言,OA是决策支持系统(DSS),OA应用科学的数学模型,结合企业内部/外部的信息条件,为企业领导提供决策参考和依据(类似于商业智能BI,需要开发)。

三、协同OA系统在企业信息化中的定位

企业信息化建设的七大业务应用包括:知识文档管理、工作流管理、人力资源管理、客户关系管理、项目管理、财务管理和资产管理,这七大业务以人力资源管理为统一引擎,由工作流管理把各模块的数据带入和带出。与之对应的信息化软件系统包括:ERP、MES、CRM、PDM、HR、OA等,虽然这些系统独立建设,但其中一部分功能是包含、重叠的,例如ERP和OA都有项目管理,但没有PDM专业。另外,从总体规划的角度考虑,各系统采用统一的基础数据是十分必要的,例如员工信息、岗位职责权限,以及部门、客户、物料编码等。

ERP等管理系统是通过对"事"的标准管理来提升"人"的规范性,而协同OA系统以"人"为中心,通过对"人"的规范管理来提升"事"的有效性。ERP相当于数学问题,它要准确算出1+1=2,而不能等于3;而OA相当于哲学问题,它并不关注1+1是否等于2,更关注其过程是否合理、有效,也许等于2,也许等于3。

协同OA系统以"组织行为"为管理根本,以"执行信息"为管理对象,以"工作流"为引擎,以"知识文档"为容器,以"信息门户"为窗口,使企业内部人员方便快捷地共享信息,高效地协同工作;从而改变过去复杂、低效的手工办公方式,实现迅速、全方位的信息采集、信息处理,为企业的管理和决策提供科学的依据。

未来时代的协同OA系统,平台化功能将更加成熟并深入人心,使得工作流应用更丰富,系统智能化色彩更加浓郁,尤其流程的智能处理、智能分析和决策。

四、协同OA系统的管理理论基础

协同OA系统的核心是管理,它通过对管理的标准化、规范化、流程化,使企业更加协调、健康发展。协同OA系统的关键作用是管控,它通过电子化、网络化、移动化等手段将日常工作集中到系统平台,使各项工作成果透明、可衡量,帮助公司领导对企业实施有效管控。

管理大师彼得·德鲁克说过:"如果不能衡量,就无法管理,管理者无法管理不可量化的事项。"这充分说明,足够、准确、可量化的支持信息对管理者做出正确判断和决策是多么重要。

协同OA系统本身不能产生直接价值,它是通过改善管理、提高效率从而间接产生价值,尤其是在成功、规范、效率、执行力和决策力五个方面。

协同OA系统以"无纸化网络办公"为起点,代表着"公开/透明""尊重/平等"和"积极向上",协同OA系统与企业文化和战略的结合亦非常重要。

五、协同OA管理平台的建设内容

一般情况下,协同OA管理平台的应用内容可分为四大类:①信息交流类:企业门户、新闻发布、文化展示;②知识资源类:公文、制度、知识、档案、充分共享;③流程管理类:业务流程审批、差旅报销、用餐申请;④事务管理类:项目管理、资产管理、人力资源管理。

笔者先后与泛微、金蝶等软件厂商交流,并参观了多家企业OA管理系统,经分析,信息门户、流程管理、知识管理、公文管理、移动办公等功能模块建议优先启动,成效应该很明显,而诸如会议管理、资产管理、项目管理、进销存、绩效考核等功能,虽然比较吸引眼球,但实施性较差,建议后期建设或不予考虑。

典型的协同OA管理平台功能介绍

序号	模块名称	功能介绍	备注
1	企业门户	公司门户、个人门户、制度发布、文化展示	可选
2	流程管理	工作流程管理,线上审批,减少纸质人工流转	可选
3	知识管理	制度管理、档案管理、知识管理、充分共享	可选
4	公文管理	企业发文、收文、归档、催办督办、档案管理	可选
5	移动办公	手机App,提供灵活、实时的工作方式	可选

序号	模块名称	功能介绍	备注
6	集成平台	数据和应用集成、接口开发,实现多系统融合	可选
7	内外网建设	企业网站建设、内外网联动、信息发布	可选
8	差旅费报销	出差申请、费用报销、费用统计	可选
9	车辆管理	用车申请、调配,车辆状态管理	待定
10	项目管理	项目立项、执行、反馈、评估、结算的整个周期	不可选
11	资产管理	办公类资产的申请、领用、调拨、报废	不可选

六、建设周期和投资

协同 OA 管理平台是当前比较成熟的标准化产品,无论是泛微、致远等专业 OA 厂商还是金蝶、用友、浪潮等国内大型软件公司,在全国都有广泛的应用成功案例。

一期项目实施 OA 系统的基础功能模块,预计前期调研需要 3~6 个月,软件实施需要 3 个月,整个周期约 9 个月。在使用人数 1000 人为基础上,实施成熟的基础功能模块,预计投资为 50 万元左右(增加用户费为 60 ~ 100 元/人,永久使用)。

七、建设重点和难点

协同 OA 管理平台是一个全员参与的系统,所以对软件的成熟度要求较高,所选择的软件应该是超过 5~10 年、经过市场考验和完善的软件,要有较强的实用性和很好的用户体验,同时需要选择专业的软件厂商和实施团队,不能单看品牌和名声。

由于参与的部门和人员较多,在实施过程中对项目团队的组织协调能力要求较高,需要能通盘全面地考虑问题。另外,协同 OA 系统在智能工厂中的定位也十分重要,协同 OA 系统如何与其他系统有效集成将成为智能工厂总体方案的重点。

第七节　桌面云系统

一、项目背景

随着企业信息化的推进和业务的扩张,这种快速发展也给企业带来了管理方面的问题。如何保护和管理企业的关键信息资产和核心机密数据,保护和维持企业的持续创新能力变得至关重要。而传统PC模式下因其分散化部署,使得企业敏感数据如财务数据、采购数据、订单数据、生产数据、客户信息、公司战略规划等难以得到有效管控,存在着严重的数据泄密风险,而这些风险将会让企业面临安全、知识产权、财产、隐私和法规遵从方面的威胁。

二、需求分析

(一)无法保证企业内部办公数据的安全

日常办公中会接触各类信息系统及企业核心敏感数据,在传统PC模式下,核心数据存储在本地PC,并且没有有效的方式对移动存储设备进行限制,难以防止数据外泄。加上近几年来主动和被动的安全泄露事件日益增加,而这种安全事件对企业的形象和核心竞争力影响是很大的,如何有效解决终端数据泄密事件等安全问题一直困扰着IT部门。

(二)如何保障第三方外包的数据安全

为了支撑企业的快速业务发展,其往往会外包一些项目给第三方公司去做,这需要双方共同协作完成制定的项目目标,在项目执行过程中难免会涉及企业敏感数据的交换,那么保障外包公司人员的工作合规性,进而防止企业的敏感数据泄密是IT部门必须考虑的。

(三)无法解决外出员工安全办公问题

随着移动互联网技术的发展,企业要求能够在任何地方通过任何的设备接入办公平台,而不是局限于现有的办公位,从而提升员工的工作效率及工作体验。特别是针对一些外出的员工,需要能够接入到公司内部的桌面环境,同时又能保证数据的安全。

（四）传统PC的管理难度较大

PC分散在不同的部门，且数量众多，当PC出现故障时需要桌面维护人员现场进行系统修复和重新配置，这就加大了IT管理员的维护工作量，加上复杂的桌面运维工作比较耗时，会导致IT运维人员的响应时间变长，影响到员工的工作效率。另外一个层面，数据存放在PC的本地磁盘中，系统感染病毒很容易造成数据损坏，而分散式的数据存放方式导致无法进行数据的集中管理和备份。

三、解决方案

通过桌面云可以将公司员工的工作环境及关键敏感数据放置在数据中心，然后只将桌面图像及变化量传输给用户，网络中传输的仅是屏幕增量变化和指令信息，用户终端不会留存任何内部信息。这就解决了传统防泄密软件"哪里可能泄密就堵哪里"模式的问题，从根本上保障了信息数据资产的安全性，为企业提供了数字化的安全工作空间。

桌面云解决方案可以为企业中涉及敏感数据部门数据进行防泄密保护，如公司的财务部、市场部、人力资源部、总经办、投资发展部、信息管理部、生产管理部、技术部等部门，以此保证企业关键敏感数据的安全。

四、方案优势

（一）更好的用户体验

缓存加速技术、高效交付协议，可使云桌面启动和运行速度大幅提升，并提供极致办公体验。多媒体重定向技术、云终端硬件芯片解码技术，不仅可流畅播放高清视频，而且可以避免服务端资源占用，提升虚拟机性能。

（二）良好的可扩展性

基于深度融合技术架构为开发平台提供更好的桌面扩展性，当需要扩容时，可维持当前云架构不变，按需增加相应数量的桌面云一体机（出厂时集成服务器虚拟化、存储虚拟化、虚拟桌面控制器等各类组件），即可轻松实现虚拟桌面的快速扩充。

（三）应用黑白名单

通过黑白名单功能可以对云桌面进行严格管控，限制虚拟桌面资源被流氓软件占用，避免因系统资源被流氓软件占用而影响正常办公使用。桌面云提供了默认的软件规则库进行应用程序的限制,企业也可以根据应用程序的路径、应用特征码和产品信息等设定自定义规则。

（四）极高的数据可用性

将分布式虚拟存储技术充分融入桌面云架构,通过多副本机制实现安全办公桌面及业务数据能在多台主机上实时备份存储,所以系统不会因个别设备和硬盘故障而导致数据丢失,并且可以借助于虚拟机的快照技术快速回滚到正常的状态。

（五）提供高IO的读写性能

通过基于固态硬盘和机械硬盘的混合磁盘组合,采用高性能的固态硬盘缓存桌面云运行过程中的热点数据,以提升桌面云系统运行的速度。借助于固态硬盘缓存技术可以实现高达60%以上的热点数据缓存命中率,有效保障了桌面云一体机的服务器读写效率。

（六）端到端的安全性

在终端层面,可采用多种认证方式和客户端准入增强安全办公空间的接入安全性,仅限授权的用户、终端和系统接入;在网络传输层面,SRAP传输协议支持数据加密,提升数据传输安全性;在数据中心端,可提供更细粒度的策略控制,比如可设置USB外设黑白名单,限制特定USB设备对安全办公桌面的访问等。

五、设计原则

（一）高安全性

云桌面提供端到端、一体化的安全控制机制,集成完善的安全平台,依据用户需求灵活设置不同的权限,实现不同用户集中管控,保障核心数据安全,同时可以灵活分配权限,实现管理分权而治。

（二）高效体验

桌面云提供最佳用户体验,用户不再受PC频繁故障影响,实现不同网络环境一致操作体验,提升桌面可用性和连续性,提供友好界面,满足简单、易用的需求。

（三）高可靠性

桌面云应集成先进的虚拟化技术,资源池化可保证资源灵活调配,基础架构设计全部采用冗余部署机制,确保桌面及业务的可靠运行,并且桌面具有平滑扩容的能力。

（四）高可服务性

桌面云最大程度降低运维成本，提升工作效率，将应用、桌面的升级、变更、维护等工作交由后台统一管理与运行；具备良好的综合定位分析及故障恢复能力，从而降低对业务的影响。

六、方案建议

笔者与桌面云系统供应商进行了交流和参观。经过与华为、深信服、联想等企业进行技术交流，笔者认为与传统个人PC模式相比，桌面云系统在安全性、可靠性、效率、运维管理等方面优势明显：①电信管理、设备维护、软硬件升级、数据管理集中化的工作量以及管理成本降低；②提高公司数据的安全性，对输入输出数据加密且可查可监管，数据可靠性有保障，多副本备份储存，网络安全可控；③可以随时随地接入，工作移动高效、敏捷高效，资源随需配置，利用率高；④桌面云单用户用电功率在10w左右，比传统PC的250W在节能方面优势明显。经计算，100台电脑，每年省电约7万元。

桌面云系统的劣势在于初期投资略高于传统PC，对网络的稳定性要求略高。

经过认真调研，用户均表示桌面云技术相对成熟，适用于公司日常办公；对IT的要求不高，可降低运维管理工作量；保证数据保密和安全；更省电节能。有些企业除建有桌面云外，还一起组建了本地私有云，集成了ERP、OA等多个系统，数据独立备份，增加了安全性和稳定性。

根据当前及未来信息化发展情况，桌面云系统可以满足普通员工日常办公需要，建议以"大多数普通用户桌面云、少数个别用户传统PC"的方式进行配置，以建设一套完整、安全、可靠、节能的办公系统为目标。

第四章

智能制造升级与优化平台建设

要想实现智能制造,需在数字化转型的六大平台(门户平台、大数据平台、HSE平台、数字资产平台、生产管理平台、企业资源计划平台)升级、拓展的基础上,再新建六大平台:设备管理平台、化工流程仿真平台、人员车辆定位平台、智能视频分析平台、智能通信融合平台、智能环境检测平台,完成从数字化转型到智能制造的彻底转变,完成《中国制造2025》所设目标。

第一节　门户平台升级与优化

门户平台,即企业数字协同平台。

一、行业趋势洞察

(一) 市场需求趋势

1.刚需变强,从可选到必选,低接触导致强协作。

2.协作能力要求增强,很多弱协同场景变成强协同场景,如在线文档、IM、会议。

3.数字化连接能力需求变强,中大企业特别关注现有业务的数字化与移动化。

(二) 企业转型趋势

随着劳动成本的上升、高效服务型政府建设等情况的发生,促使企业、政府进一步提高信息化水平,降低管理成本,提升管理水平和服务效率。目前企业管理信息化的需求已经开始由外部推动型向企业内生自主需求转变,以适应数字经济时代的诸多变化,协同管理软件已经逐步成为国内企业以及政府数字化转型升级的重要战略工具。

(三) 企业选型趋势

1.大型企业数字化转型由选应用走向选平台。

2.国产化替代、加速数字化转型、架构升级换代的大趋势下,企业信息化建设从选应用到选平台。

(四) 平台发展趋势

企业数字化办公平台正在跃迁。

(五) 支撑管理需求

1.随时随地沟通。

2.整合信息资源。

3.碎片时间办公。

4.一站式访问其他IT系统。

5.自主可控。

6.PC端+移动端多端协同。

7.统一标准。

8.统一办公体验。

9.简化运维。

10.简化集成。

(六) 一站式数字化协同平台

1.构建统一门户平台,打造多组织多维度门户。

2.建设统一流程管理平台,满足于权责管理体系模型。

3.打造统一移动办公平台,实现各业务系统的移动接入。

4.实现企业协同功能应用,满足日常行政办公需求。

5.打造知识管理平台,塑造集团持续发展的核心竞争力。

6.构建集成与开发平台,实现各业务系统的接入和业务需求的二次创新。

(七) 平台实际应用

1.决策层

(1)及时掌握公司运营状况。

(2)方便督办重大事件。

(3)加强团队建设及体系化管理。

(4)有效控制企业及项目风险。

(5)提升整体管理效率,降低管理成本。

2.管理层

(1)及时掌握条线管理最新状况。

(2)缩短管理到执行的距离。

(3)提高条线团队工作能力。

(4)提升条线管理的执行效果。

(5)加强事务督查督办能力。

(6)提升条线之间协作沟通效率。

3.执行层

(1)清晰掌握个人目标及标准。

(2)提升个人与团队工作协作效率。

(3)提高个人工作能力。

(4)个人绩效达成情况。

二、数字协同内容

(一) 功能架构

数字协同平台(简称DCP)包含:门户、云+、OA核心(公文、流程、表单)。

集成线上线下、内部外部数据和系统,多端协同、弹性部署,为用户提供一体化的融合工作体验。具有统一认证、统一登录、统一消息、统一待办、统一搜索、统一应用和统一报表等功能。

外网门户:搭建对外企业网站;B2C门户:搭建电商门户、供应商门户。

(二) 关键特性

一个入口:PC/移动,统一入口,一网全办。

三个平台:协同平台,门户平台,移动平台。

一个身份:身份统一认证,一个身份,全网通行。

(三) 企业门户

集成线上线下、内部外部数据和系统,多端协同、弹性部署,为用户聚合待办、待阅、新闻、公告、应用、协同等信息资源,及时掌握工作动态,提供一体化的融合工作体验。可提供用户的功能:统一身份和应用入口;统一资讯和消息展现;统一待办和内容分类;统一流程和常用功能;统一数据和报表展现。

通过预置功能模板,可快速搭建各类功能门户。包括:门户站点、门户应用、内容管理系统中心等。

门户功能如下:①信息发布及展现;②业务应用集成;③一站式工作台;④业务协同中心;⑤运营分析展示;⑥知识管理共享。

1.信息发布及展现

各个门户可根据需要灵活定义内容结构,配合各种场景的展示要求进行内容的个性化呈现。统一信息发布平台,完善信息发布机制。按照组织内各部门各工作人员的不同权限,经过安全的身份认证后,可以对统一信息与协作门户网站、各部门的网站以及内网上各部门的网站进行信息的发布与维护,其中包括对信息的审核。这样大大减轻了各部门要同时维护三个网站的工作量,只需在内网上就能实现三网的维护,可减少内外网切换的时间。既提高了人员的维护积极性,又提高了工作的效率。

2.业务应用集成

业务应用集成,聚合相关数据信息,待办等信息自动推送到门户。

3.一站式工作台

把个人相关工作信息汇聚在一个界面,实现"一站式"办公。

4.业务协同中心

按照业务类型、业务部门分类汇总相关业务功能和数据,打破系统界限。深入性集成,跨系统整合聚合,将分散在各业务系统的一些流程和入口,装入门户中,做统一权限管理;比如,南京地铁没有网上报销系统,无法在OA中做审批,然而领导在审批时,无法完全确定是否应该审批。因此,将OA、财务、规范等整合一起,审批时有参考依据。

5.运行分析展示

把大数据分析的结果,进行直观的门户化展示。

6.知识管理

对各类文档、图片、视频等非结构化信息进行管理。

7.门户模板化

基于低代码开发平台研发的Dashboard平台,将门户产品模板化、模块化,可快速搭建各类门户。

8.支持多站点及站群管理

利用门户系统可创建多个物理上的多个独立的站点,在逻辑基础上隔离。网站算是一个站点,其他门户在同一个网站进行物理隔离,不同用户看到不同信息。实现逻辑不通,彻底隔离。

(四)移动门户平台

智能协同云平台,作为企业移动应用统一App入口,深度集成移动端应用、第三方系统H5轻应用。让用户可以随时随地处理单据、审批待办等工作;并提供IM、会议、云盘等协同工具实现一站式移动协同的全新交互体验。

1. 移动门户

实时同步集团门户的新闻、通知、公告、知识库等内容。

(1)集团新闻。实时同步 PC 端新闻内容,支持阅览与评论。

(2)通知公告。各类通知实时到达,解决信息传递时效需求。

(3)知识库。移动知识阅览,提高学习效率。

(4)问答社区。寻找工作中遇到各种问题的答案。

2. 社交化协同

基于内部通信录的安全沟通,解决沟通难题,让协作更加有序。

(1)多样化沟通。支持文本、图片、语音、文件等多样化沟通交流。

(2)群组。团队、项目、相关人群组沟通,共享文件、日历和任务。

(3)安全。基于组织通信录,人员离职自动退群;端到端加密。

(4)快速找人。支持通信录正查、反查,跨部门找人、核实身份更简单。

(5)消息精准触达。待办消息即时到人,消息已读未读提醒、双击自动定位直达。

(6)来电显示。关联通话记录,自动显示组织通信录人员信息。

3. 数字化办公

深度集成云 ERP 业务应用、第二方应用、自建应用,打造企业云生态唯一入口。

(1)提供基本协同应用。网盘、待办、审批、日历、任务等基础协同应用开箱即用,满足企业在线协作办公的需求。

(2)深度集成云 ERP 业务应用。深度集成云 ERP,提供考勤签到签退、报销、影像等业务,充分利用碎片化时间提高工作效率。

(3)聚合第二方应用。集成小鱼易联、WebEx、中信党费小程序、学习云等优质第二方应用,为企业提供多样化服务。

(4)支持企业自建应用。提供丰富 API 和移动开发平台,企业可快速自建、发布轻应用,丰富企业应用生态。

4. 应用管理层

通过云开放平台,用户可自主发布自研、集成第三方应用,可自建应用分类,支持灰度发布、分级授权。

(1)应用管理。为企业提供内部"AppStore(应用商店)",支持对 Native(本地)、Hybrid(混合模式)、Web(网页)方式开发的应用统一管理,提供浏览、查询、下载、安装、卸载、更新等功能。

(2)版本管理。提供应用新版本递增发布功能,通过提示、强制、灰度等方式,提示用户对应用进行升级;可查看版本发布历史,版本发布原因等。

(3)权限控制。根据不同岗位用户权限,制定不同的应用访问策略;为了方便管理,提供按角色、用户组等虚拟组的方式进行管理和授权功能。

5.安全管理

在设备安全、身份安全、信息安全、通信安全、环境安全方面保证安全可靠。

(1)设备安全。提供设备串号绑定功能,限制只能在注册绑定的设备上使用,防止账号盗用。

(2)身份安全。提供安全键盘、扫脸、指纹、验证码等身份鉴别方式。

(3)信息安全。支持安全水印、防截屏、防录屏(Android)。

(4)通信安全。采用SSL加密通信链路,国密级安全防护,端到端加密。

(5)环境安全。通过公安部2.0标准的二级等保测评。

三、参考案例

门户平台参考案例请扫描以下二维码查看。

第二节　大数据平台升级与优化

一、设计思想

实现数据汇聚,将管理"形象化、具体化、实时化、透明化、模板化、规范化、数据化",最终把公司大数据全景展示中心打造成对外宣传企业形象、对内运营管控的窗口。

二、设计原则

（一）遵循管控脉络，揭示运营规律

数据分析致力于为公司记录历史，揭示现状与运营规律，展示公司已取得的成绩，总结公司的优势与不足，服务于公司领导决策。

（二）全面覆盖业务板块，突出企业优势

确保全面覆盖公司的经营分析、板块分析、地区分析、项目分析、成长历程等管控分析需求，以及各单位的运营成果分析需求。在分析的过程中，突出领导重点关注的综合性分析指标。

（三）打造数据分析应用典范，宣传展示企业形象

大屏从时间、业务板块、业务地区等多个分析视角出发，采用了趋势分析、结构分析、对比分析、排名分析等多种分析方式，运用柱状图、折线图、饼状图、圆圈图、散点图、网状图以及多种图形组合等展示方式，追求直观形象的展示分析思路。

三、公司大数据平台建设目标

围绕"数据"和"应用"，构建智慧大脑。以数据和管控为核心，构建公司大数据平台，满足业务管理需要；以应用为导向，实现经营大数据和工业大数据应用，提供领导看板、企业画像、多维分析、自助服务等，满足各级领导决策需要，实现全员应用，把公司建设成"数据企业、智能企业、移动企业、可视企业、人才企业"，推动公司实现组织扁平化、模式先进化、管理精益化、决策智慧化，实现由传统企业向现代化企业转型升级的目标任务。

大数据平台模型设计思路、功能框架、界面展现请扫描以下二维码查看。

第三节　HSE平台升级与优化

一、系统架构

HSE平台系统总体架构

HSE平台是安全生产智能管控平台,是在集成了重大危险源监测预警、风险隐患双重预防、人车行为安全管控、安全应急处置、企业生产全流程管理等多源异构安全生产信息,以及对各种相关数据进行融合的基础上,建立各种不同条件下的风险分析模型。同时构造安全生产相关知识库,结合相关数据、模型、知识库,实现对企业生产全流程中的设备管理、能源管理、应急处置等业务的智能化提升;对之前各种安全业务系统产生的数据进行深化应用,挖掘数据本身及相互融合所产生的衍生价值。整个平台采用标准的工业互联网架构进行设计,分为边缘层、基础设施层、应用支撑层、业务应用层和展示层五个层级,力图共同打造一底座、N应用、五大领域和一中心的总体架构。

总体架构以企业的数据湖或大数据平台为数字化底座,通过数据共享交换平台实现数据的互联互通、共享和利用。

应用支撑层通过GIS+BIM平台、工业大数据平台、快速建模平台、5G+融合通信平台及AI可视化平台等对业务层进行支撑,平台采用前后端分离的微服务技术进行架构开发,以应对五大领域业务端灵活性的需求。

危化安全生产智能管控平台业务应用层的五大领域,在前面建设思路中简单描述过平战结合的全流程管理,现在详细地介绍一下:①安全生产信息。主要是建立并动态维护企业安全生产信息,包括MSDS知识库、工艺技术、设备设施、作业管理、人员培训、设备巡检、隐患排查、制度标准等基础信息,为整个平台奠定数据基础。②安全生产平台。包括设备管理、作业安全管理、过程控制优化、培训管理、绩效考核等信息管理系统,融合企业安全生产标准化和企业生产过程的安全管理要素,优化企业安全管理体系,提高企业的管理效能。③风险管控平台。包括风险辨识、风险分级管控、隐患排查治理、重大危险源管理等功能。风险管控结合智能化巡检,与日常安全管理工作深度融合,对风险过程管控和隐患结果管控实现闭环管理。同时压实从公司领导层到车间操作员的各级岗位职责,达到风险管控与隐患治理的"最后一公里"落实。

二、技术架构

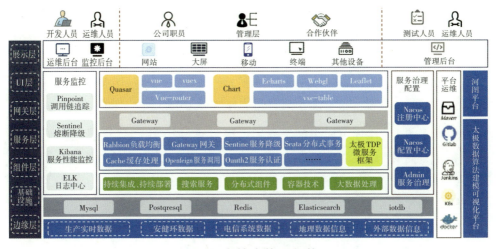

HSE平台技术体系架构

沿用数字化转型阶段前后端分离微服务技术体系架构TDF,技术体系完全自主可控,代码管理严格遵循公司管理制度。技术体系以TDF前后端分离微服务架构体系进行开发,并进行了相关组件的升级,数据库采用关系型数据库MySQL,非关系型内存存储Redis,空间数据采集PostgreSQL数据库存储,还有实时数据库等相关数据的存储。

其他架构如下：各种不同条件下的风险分析模型、设备预检修模型算法等功能可使用公司数据算法建模可视化工具进行机器学习建模，该产品能够可视化机器学习建模的过程，灵活、可拖拽地进行建模过程构建和过程中的参数配置；算法建模过程全程跟踪，提供多维度、全方位的模型评估指标，查看建模过程的日志信息；提供离线数据的建模完整基础架构环境，无需用户本地搭建环境，从而简化建模过程。

微服务技术：从 SOA 架构到微服务架构的转变，核心是要对应用进行服务化，并将复杂服务拆分成仅关注于完成一项任务的简单服务。随着服务的拆分，服务数量越来越多，服务越来越难以管理，因此需要建立微服务框架对系统中的微服务进行统一管理和维护。目前微服务框架产品主要有 Spring Cloud，该平台是一系列框架的有序集合。它利用 Spring Boot 的开发便利性巧妙地简化了分布式系统基础设施的开发，如服务发现注册、配置中心、消息总线、负载均衡、断路器、数据监控等，都可以用 Spring Boot 的开发风格做到一键启动和部署。Spring Cloud 的子项目大致可分成两类：第一类是对现有成熟框架"Spring Boot 化"的封装和抽象，也是数量最多的项目；第二类是开发了一部分分布式系统的基础设施的实现，如 Spring Cloud Stream 扮演的就是 RocketMQ 这样的角色。其中第一类子项目包括：①Sentinel 熔断器：容错管理工具，旨在通过熔断机制控制服务和第三方库的节点，从而对延迟和故障提供更强大的容错能力。②Nacos 配置中心：配置管理工具包，让你可以把配置放到远程服务器上，集中化管理集群配置，目前支持本地存储、Git 以及 Subversion。③Nacos 服务总线：事件、消息总线，用于在集群（例如，配置变化事件）中传播状态变化，可与 Spring Cloud Config 联合实现热部署。④Nacos 注册中心：云端服务发现，一个基于 REST 的服务，用于定位服务，以实现云端中间层服务发现和故障转移。

（一）总体技术架构

技术框架：Spring Boot+Spring Cloud

开发工具：Idea+VS code

构建工具：Maven

代码管理工具：Git

数据库：MySQL+Redis+IoTDB

(二) 基础框架

表现层:HTML5、CSS、Vue 2.6、Quasar1.15.10、ES6、ECharts

接口层:JWT、Ribbon、Sentinel

控制层:SpringMVC

业务逻辑层:Spring Boot、Spring Cloud

持久层:Mybatis-Plus

(三) 核心组件

缓存:Redis

网关:Gateway

安全认证:Spring Security+OAuth 2.0+JWT

日志:Logstash

三、数据架构

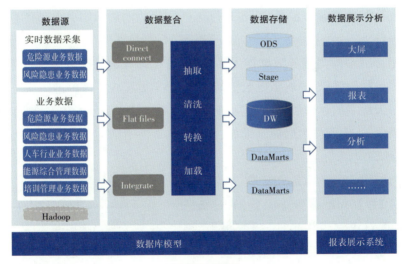

数据架构图

(一) 端到端、一体化

数据资产的建设和管理、数据资产的分析挖掘应用和价值发挥全流程服务。

(二) 可视化、低门槛

数据集成、数据开发、数据分析、数据可视化全流程可视化拖拽式,大量组件和模板直接使用。

（三）兼容开放、成本低

兼容复用各类数据源系统和大数据平台，不用推倒重来，成本低。

四、系统功能

（一）GIS地图建设

GIS地理信息系统是平台的核心，以电子地图作为业务信息载体，提供图形化的操作界面，并用直观的可视化方式显示地理信息的空间联系，帮助寻找应急资源的空间位置分布，使得获取各种信息更加快捷、直观。

1.基础地图绘制

根据CAD园区平面竣工图将园区、厂区、装置、主要建筑、道路、围墙、地板绘制出厂区的整体二维GIS地图，然后结合照片、效果图绘制相关装置、管理、建筑、储罐、道路、围墙等展示效果，将展示效果渲染到二维数据中，经过基准点的校准转换成标准的地心坐标，绘制出厂区2.5D效果GIS地图。

接入公共地图服务的数据，实现厂区所有地物的展示。公共地图服务接入方案如下：

使用百度影像图服务数据接入平台中，百度影像数据可以满足在不同级别下的厂区地物的展示，同时影像数据清晰，但是需要购买百度的地图服务。

使用天地图的影像数据，只需注册相关Token（令牌），无需交纳费用，但影像数据效果太差，地图放大后展示模糊，部分内容无法看清楚。

（1）地图应用

GIS地图提供地图定制服务、二次开发框架服务、数据访问服务等服务，通过统一部署，实现对火灾报警事件、门禁报警、周界报警、气体探测器报警、重要SIS点报警、视频信息、门禁信息、资源信息、人员车辆定位、巡检路径、特种作业、电子围栏、重大危险源区域、危化品、消防设施、救援设施等各类信息的有效整合，并对信息进行可视化展现。

地图应用具体内容请扫描以下二维码查看。

（2）地图功能

①地图基础功能

GIS地理信息系统是电信集成平台的核心，以电子地图作为业务信息载体，提供图形化的操作界面，并用直观的可视化方式显示地理信息的空间联系，帮助寻找应急资源的空间位置分布，使得获取各种信息更加快捷、直观。

GIS的基本功能包括：提供空间数据和相关属性数据的快速存取和管理功能；提供分层的可视化的显示功能；提供空间和属性数据间的互动查询；提供空间、属性数据一体化的统计分析功能；提供多种空间决策功能，包括空间量测、图层管理、区域分析等；地图需具备快速定位、无极缩放、高清显示等功能。

②图层管理

根据实际业务需求及点位的类型，管理维护地图上展示的父图层和子图层的名称、图层和地图关联接口访问方式配置、图层和地图数据关联方式、图层展示排序、图层的描述、图层的状态等信息。

最终做到将探测类（火灾、有毒、可燃、氧气、SIS）、安防类（视频、门禁）、救援类（广播、应急物资库、洗眼器、应急箱）、消防类（手报、灭火器、消防炮、泡沫栓、消防栓）、环保类（废水、废气）、危化品、重大危险源区域、特种作业、集散地、人员定位、车辆定位、电子围栏、巡检路径等类型数据建立相应的点位图层，配置好地图对应类型的图层数据及每类图层展示的关联关系。

图层管理配置界面请扫描以下二维码查看。

（二）领导驾驶舱大屏系统

1.地理信息屏

根据实际业务将安全监测、报警处置、事故处置等基于GIS地图展示的内容及相关的功能，在地理信息屏幕中同步展示，展示的风格重新设计适应大屏展示。包含GIS地图的所有展示及操作功能，以及厂区气象站数据的展示。

2.重点视频屏

重点视频展示大屏，调用视频信号，主屏以"1+5"的布局展示重点区域视频信号，左侧展示全厂所有视频点位的信息列表，通过点击列表内容切换视频信号。

每个视频窗口显示视频源的名称,同时具有码流展示、截屏、录像、转向、3D缩放、放大、即时回放、全屏等功能。

视频展示区域插件具有可以切换视频信号展示布局、全屏展示、自适应屏幕展示、一键关闭所有视频信号功能。视频列表可以进行隐藏、显示操作。

单个视频的回放功能:选择要回放的视频,点击视频回放进入视频回放页面,视频回放界面可以通过时间定位开始播放的时间点,具有可以调整播放速率、正向反向播放功能,以及回放视频的截图、录像剪辑、录像下载等功能。

视频轮播巡检功能:根据固定的视频个数及视频浏览时间的规则,自动播放全厂的视频,进行视频在线巡检。

3.专题分析屏

大屏左侧主要是以图表或特殊区域块的形式,展示一些重要的指标数据,具体统计情况以图表形式展示。

危化品储量数据展示:危化品总量及各装置危化品储量的图表统计。

厂区气象站数据在HSE平台上的展示、HSE平台展示重点监控区域图像、厂区重点数据展示画面、危化品储量数据展示画面请扫描以下二维码查看。

(三)企业安全基础信息管理

企业的安全基础信息管理包括但不限于以下内容:安全生产许可相关证照和有关报告信息、生产过程基础信息、设备设施基础信息、企业人员基础信息、第三方人员基础信息管理等。企业平台的安全管理基础信息一方面作为园区平台的数据来源,另一方面也是以信息化促进企业数字化、智能化升级。

企业安全基础信息管理满足企业日常管理需求,通过知识库、流程库、设备基础信息管理、人员架构管理、承包商管理等应用平台,实现企业自上而下管理基本需求,同时相关数据连接打通到各平台应用,方便企业统一管理、调取、查看、统计。

1.企业基本信息管理

企业基本信息应包括企业名称、两重点
一重大（重大危险源、重点监管的危险化工
工艺、重点监管的危险化学品）、危化品登记
证书、法人、总经理、安环负责人、环保联系
人、安全联系人、所属行业、管理分类、经营
状态、从业人数、注册资本、安全标准化、机
构代码证、经营地址、工艺简介、经营范围、
原料、产品、证照上传等。

企业基本信息
管理具体内容请扫
描以下二维码查看。

2.安全基础信息管理

基础信息主要包括企业安全生产信息、重大危险源信息、重大危险源生产区
域信息、重大危险源储罐信息、重大危险源生产装置、重点监管化学品信息、重点
监管危险化工工艺、危险化学品仓库信息、传感设备信息、监控设备信息等。

实现化工厂区内重点监管的危险化工工艺、危险化学品、重大危险源、管廊
管线、重点装置、重点设备和重点场所等基础信息的统一管理，并可在电子地图
上显示上述信息。

3.重大危险源档案

企业涉及重大危险源的生产区域、原辅料和产品存储罐区等档案信息进行
管理，包括名称、位置、编号、类别、R值、级别、主要装置及设施、实时监控站点、
生产或存储规模、投用日期、责任人、厂区边界500米人数、与最近防护目标距离、
近三年内危化品事故情况、化学品使用存储情况、区域位置图及MSDS等证件
信息。

通过GIS将重大危险源的具体坐标标识在地图上，同时还可以配置各项应急
物资、应急装备、风险识别、环境影响、相关预案、关联危险化学品、视频信息。

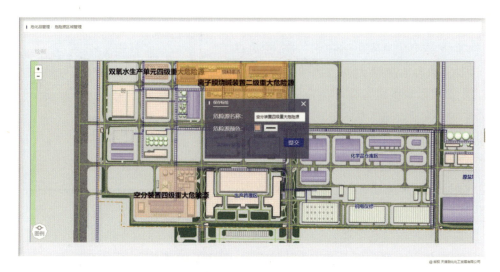

HSE界面上标绘重大危险源

（1）重点监管工艺档案

企业对涉及重点监管危化品工艺的档案信息进行管理，包括危化品工艺名称、控制方式、监控参数、采取的控制措施等。

（2）重点监管危险化学品

对企业生产过程中涉及的重点监管危险化学品信息进行管理，包括危化品名称、种类、危化品目录序号、危化品作用、存储方式等。

（3）MSDS管理

MSDS管理主要维护危化品的名称、类型、单位及企业化学品安全技术说明书等信息。安全技术说明书主要包含企业标识、危险性概述、组分/组成信息、急救措施、消防措施、泄漏应急处置、操作处置与储存、接触控制和个体防护、理化特性、稳定性和反应性、毒理学信息、生态学信息、废弃处置、运输信息和法规信息等内容。

MSDS管理具体内容请扫描以下二维码查看。

（四）其他档案管理

1.特种设备

对厂区涉及特种设备的档案信息进行管理,包括设备名称、规格型号、数量、介质、温度、压力、安装位置、配件、登记编号、检验日期、检验单位、下次检验日期、到期提醒时间。

2.重点设备

对厂区重点设备的档案信息进行管理,包括设备名称、位置、危化品介质、危险类型、关联报警器、联系人及负责人信息。

3.管廊管线

对厂区管廊管线的档案信息进行管理,包括管道名称、管道位置、管道编号、管道长度、工艺介质、介质流向、管道压力、管道状态、关联报警器、危险类型、联系人及负责人信息。

4.重点装置

对厂区重点装置的档案信息进行管理,包括装置名称、位置、危化品介质、危险类型、关联报警器、联系人及负责人信息。

5.重点场所

对园区重点场所的档案信息进行管理,包括场所名称、位置、危化品介质、危险类型、关联报警器、联系人及负责人信息。

6.人员管理

人员管理主要是维护全厂人员信息的管理功能,包括所有人员的姓名、工号、手机、部门、联系电话、身份证号、岗位名称、邮箱等基础信息,特种作业人员的姓名、工号、手机、部门、联系电话、身份证号、岗位名称、邮箱、作业种类、证书编号、初次发证日期、证书有效期、发证部门、下次复审日期等信息,高危人员的姓名、联系电话、岗位名称、作业种类、专业等信息。同时支持对人员资质的维护,以及对学习记录、职业健康、职业危害、劳保发放等信息的查看。

其中,人员管理包括承包商管理,具体信息如下:

（1）基本信息录入

在系统内录入相关方基本信息后,相关人员选择对应的相关方,然后录入自己的姓名、身份证号、身份证正反面照片、联系方式、建档日期,接着再录入自己所拥有的（可能多个）证书名称、证书编号、证书附件、承包商告知书附件、证书过期日期等基本信息。

（2）承包商资质管理

承包商安全管理工作是企业安全管理的重点，为确保承包商资质符合企业管理要求，新增了承包商公司选用功能，包括企业基本信息录入，承包商对接公司承包商选用部门，对承包商资质进行审核，审核通过后，承包商录入完成。

（3）承包商安全教育

为加强承包商施工过程中的安全意识，提高安全素质，公司对承包商人员作业前要先进行作业活动有关的安全教育工作，确保作业过程处于安全可控状态。增设培训课程：生成二维码（对应的课程可以录入课程学时），相关方人员扫码后选择对应相关方和自己的名字、身份证号后进行培训考试，考试通过后，培训记录与对应的相关方人员关联，能够生成到相关方档案内；能够查看和导出相关方的一人一档PDF（基本信息、证书、学时、考试试卷记录、考试成绩等）。

7.重大危险源安全管理

实现重大危险源主要负责人、技术负责人、操作负责人的安全包保履职结构化电子记录，做到可查询、可追溯。支持企业的安全管理机构对包保责任人履职情况进行在线考核，定期自动生成考核报告。

主要负责人职责：

（1）组织建立重大危险源安全包保责任制并指定对重大危险源负有安全包保责任的技术负责人、操作负责人；

（2）组织制定重大危险源安全生产规章制度和操作规程，并采取有效措施保证其得到执行；

（3）组织对重大危险源的管理和操作岗位人员进行安全技能培训；

（4）保证重大危险源安全生产所必需的安全投入；

（5）督促、检查重大危险源安全生产工作；

（6）组织制定并实施重大危险源生产安全事故应急救援预案；

（7）组织通过危险化学品登记信息系统填报重大危险源有关信息，保证重大危险源安全监测监控有关数据接入危险化学品安全生产风险监测预警系统。

技术负责人职责：

（1）组织实施重大危险源安全监测监控体系建设，完善控制措施，保证安全监测监控系统符合国家标准或者行业标准的规定；

（2）组织定期对安全设施和监测监控系统进行检测、检验，并进行经常性维护、保养，确保其有效、可靠运行；

（3）对于超过个人和社会可容许风险值限值标准的重大危险源，组织采取相应的降低风险措施，直至风险满足可容许风险标准要求；

（4）组织审查涉及重大危险源的外来施工单位及人员的相关资质、安全管理等情况，审查涉及重大危险源的变更管理；

（5）每季度至少组织对重大危险源进行一次针对性安全风险隐患排查，重大活动、重点时段和节假日前必须进行重大危险源安全风险隐患排查，制定管控措施和治理方案并监督落实；

（6）组织演练重大危险源专项应急预案和现场处置方案。

操作负责人职责：

（1）负责督促检查各岗位严格执行重大危险源安全生产规章制度和操作规程；

（2）对涉及重大危险源的特殊作业、检维修作业等进行监督检查，督促落实作业安全管控措施；

（3）每周至少组织一次重大危险源安全风险隐患排查；

（4）及时采取措施消除重大危险源事故隐患。

8.在线监测

（1）实时采集值管理

实时采集值管理主要根据实际业务需求，管理企业危化品的温度、压力、液位、有毒、可燃、SIS、工艺关键报警点位的实际采集值的管理功能。

如果采集的值根据阀值的判定产生报警，报警数据将推送给报警管理页及地图展示页。

（2）实时采集点位管理

实时采集点位管理主要根据实际业务需求，管理企业的危化品的温度、压力、液位、有毒、可燃、SIS、工艺关键报警点位的管理功能。

点位管理展示页主要展示点位的编码、名称、类型、位置、区域、装置（设备）、服务器、协议、采集策略、阀值、报警等级等信息，可以根据点位编码、名称、类型、区域、装置（设备）、服务器、报警等级等信息进行数据查询。同时具有添加、编辑、删除（支持批量删除）等功能。

（3）电信点位管理

电信点位管理主要根据实际业务需求，管理企业的电信类型相关系统（如视频、门禁、广播、周界）等系统的设备点位。

电信点位管理展示页主要展示点位的编码、名称、类型、位置、区域、装置（设备）、服务器、协议、数据同步等信息，可以根据这些信息进行数据查询。同时电信点位管理展示页具有添加、编辑、删除（支持批量删除）、数据同步、连接测试等功能。

（4）采集策略管理

采集策略管理主要按照实际业务需求，根据不同的点位类型设定数据采集频次的功能。

策略信息展示页主要展示策略名称、类型、采集频次等主要信息。可以按照名称、类型、频次查询相关信息，同时具有添加、编辑、删除（支持批量删除）等功能。

9. 监测预警

（1）实时报警管理

根据报警点位的采集数据及相关阈值及阀值的判定，当采集的数据发生报警时，根据报警等级分类管理并推送地图展示，为"报警一张图"提供数据支持。

实时报警管理主要实现危化品温度、压力、液位、SIS 联锁、有毒可燃、火灾等报警数据的展示及相应的报警处置操作的功能。

①报警查询：可以通过报警级别、报警类型、处置状态、报警时间段、报警值范围、报警点位名称、点位类型等查询条件查询报警记录。

②报警处置：确认任务、误报、结束、转事故等。确认任务功能在发现报警发生后，在报警管理模块内可以启用确认报警功能。该功能可以给发生报警区域内的应急人员发送，以便来确认报警任务来确认报警是否属实。

③报警通知：在确认发生报警后，报警管理模块将调用系统内部的信息发布模块将报警信息中的报警地点、报警时间、报警内容、报警等级、报警源、报警值等信息通过邮件、短信等方式通知相应的人员。

④报警导出：一键导出根据查询条件查询到的所有报警数据，导出报警台账展示内容同报警展示页的内容。

（2）历史报警管理

此功能主要是管理查看已处置的报警记录。

①展示已处置的报警记录：将报警(包括危化品温度、压力、液位、SIS 联锁、有毒可燃、火灾监控)产生的记录展示在页面。

②报警导出：一键导出根据查询条件查询到的所有报警数据，导出报警台账展示内容同报警展示页的内容。

(3)报警统计分析

报警统计分析功能主要是根据实时报警、历史报警记录及相应的条件统计分析报警数据，形成相应的报警台账。

报警统计分析可以根据报警等级、类型、时间、频次、处置状态、报警值范围、点位编码等信息查询报警记录，形成报警台账。

(4)报警策略配置

策略配置管理界面主要是策略数据的展示及管理页面，页面中可以通过策略名称、关联点位、报警等级、点位类型、策略状态进行数据查询筛选。同时具备一键启停、批量删除、编辑、查看等功能。

页面列表主要展示字段：策略名称、策略报警内容、点位类型、关联点位、报警等级、报警点百分比、关联时间等。

(5)报警任务管理

报警任务管理主要是发生报警时，下发给现场人员的确认报警情况的任务信息及任务反馈信息的管理功能。包括任务发布、任务接收两个功能。任务发布，主要是管理人员下发的报警确认任务信息的管理；任务接收，主要是现场人员接收报警确认任务信息的管理。

(6)报警阀值管理

阀值管理主要按照实际业务需求，根据不同的报警类型设定不同报警的基准值以及和基准值比较的数学关系信息，同时关联报警等级的功能。

(7)报警等级管理

等级管理主要实现按照实际业务需求，根据不同类型的报警数据划分报警的等级值及其相应的显示星值、图标、颜色等数据信息。

(8)报警联动配置

此功能根据实时监测的点位数据同电信系统(如视频、门禁、广播等)联动查看的配置功能。当发生报警时，根据配置关系自动调用电信系统查看相关的视频实时画面、控制相关门禁、播放相关的音频内容。

主要的功能有联动关系列表以及联动关系的添加、编辑、查看、删除等。

联动关系列表功能主要是平台中配置联动关系的查询界面,可以通过联动名称、所属区域、所属装置、所属单元(设备)、触发系统等条件查询联动关系,展示列表中主要展示联动名称、区域、装置、单元、触发系统、联动系统等信息。

10.视频监控与智能分析

汇聚企业内视频监控画面信息,实现重点场所(如硝酸铵仓库、中控室)、关键部位(如重大危险源现场)的监控视频智能分析,支持对火灾、烟雾、人员违章(中控室脱岗)等进行全方位的识别和预警。

(1)视频基础监控

通过厂内的视频监控情况,将现有的视频数据集成到平台中,可以汇聚企业内视频监控画面信息,实现重点场所(如硝酸铵仓库、中控室)、关键部位(如重大危险源现场)的监控。

①单点视频监控

基于厂区的GIS地图,根据视频实际的安装位置标定点位,每个点位都会有实际的经纬度坐标、楼层信息。实现精准定位及准确查看,同时为报警联动查看时提供准确的位置。

②多点视频监控

调用视频信号,主屏以"1+5"的布局展示重点区域视频信号,左侧展示全厂所有视频点位的信息列表,通过点击列表内容切换视频信号。

每个视频窗口显示视频源的名称,同时具有码流展示、截屏、录像、转向、3D缩放、放大、即时回放、全屏等功能。

视频展示区域插件具有可以切换视频信号展示布局、全屏展示、自适应屏幕展示、一键关闭所有视频信号功能。视频列表可以进行隐藏、显示操作。

③视频回放

单个视频的回放功能:选择要回放的视频,点击视频回放进入视频回放页面,视频回放界面可以通过时间选择定位开始播放的时间点,具有可以调整播放速率、正向反向播放功能,以及回放视频的截图、录像剪辑、录像下载等功能。

④视频轮播

视频轮播巡检功能:根据固定的视频个数及视频浏览的时间规则,自动播放全厂的视频,并进行视频在线巡检。

（2）智能视频分析

通过接入终端智能分析服务器加载相应的算法，在平台上对其进行配置、接收报警等操作，并能在事件中心模块对该报警配置联动动作，可实现对相应区域的警戒、人员聚集、人员倒地、值岗检测等报警提示。通过在平台管理中设置报警时段，可实现对不同时间内的该区域处于报警布防状态或撤防状态。

①周界警戒

区域入侵：针对重点场所、关键部位等区域入侵是指对划定区域规则进行检测，当触发设定规则时，产生报警信号的智能功能。

人员越界检测：人员越界检测是指在视频画面中设定检测绊线，并且选择触发方向，当监控画面内有目标按照设置的方向触碰拌线时，则触发警告。

②行为检测

人员摔倒：基于视频流的智能图像识别系统，检测人体为摔倒状态则触发报警事件。

抽烟检测：检测到抽烟动作则触发报警事件，单镜头下禁烟区和吸烟区（屏蔽区域）分别支持4个闭合区域的检测。

值岗/离岗检测：通过对相应的值岗检测点位置、检测区域及离岗时间，支持对人员离岗状态进行检测，当区域内人员离开设置区域并超出设定时间阀值后，可触发报警、抓图；报警人数及报警阀值可设置；可设置多个检测区域，每个区域独立进行检测互不干扰。

睡岗检测：用于关键岗位的工作状态监督。注意：目前仅支持趴桌子睡岗。

③物品检测

杂物遗留：物品遗留是指在视频中设定检测区域，对物体遗留该区域超过一定时间的事件进行检测。为了防止不法人员对一些重要设施进行破坏，如在重要设施旁丢弃易燃、易爆等危险物品，可采用不明遗留物检测，来防止重大事故的发生。

杂物堆放：杂物堆放是指在视频中设定检测区域，对物品堆放超过设定空间占比阈值则触发报警，如箱子、垃圾袋等。

④生产安全检测

火灾、烟雾探测：在视频区域中检测到火焰、烟雾时即触发警告。

安全帽检测：对施工人员进行佩戴安全帽（支持颜色：红、蓝、白、黄）检测，当施工人员未佩戴安全帽即触发警告。

工服检测：对施工人员进行穿着工服（支持颜色：红、黄、蓝）检测，当施工人员未穿着工服即触发警告。

11. 特殊作业管理

安全作业许可证是安全施工管理的一项主要措施，也是对施工人员进行安全交底和安全教育，以保障安全生产，避免事故发生的最后一道安全管理防线，是现场班组基础的安全管理。

通过作业许可流程对可能给生产带来风险的作业进行控制。对具有明显风险的作业实施作业许可管理，明确工作程序和控制准则，并对作业过程进行监督。系统融合《GB 30871-2022化学品生产单位特殊作业安全规范》，融入行业先进管理经验，通过流程优化将现有作业申请单、特殊作业许可证和安全交底单业务内容融合，搭建标准化的安全作业许可电子化业务流程（电子作业票），实现八大票证的快速审批、全业务覆盖、高标准评价体系，以及安全风险全局管控的、可视化的标准化的作业管理，提高作业效率。

（1）特种作业基础管理

依据《危险化学品企业特殊作业安全规范》和企业管理制度要求规范票证办理过程，解决票证填写不规范、安全措施落实不到位等管理问题。实现对八种特殊作业（吊装、动火、动土、断路、高处、设备检修、盲板抽堵、受限空间）类型的标准配置模板。对作业申请、审批、许可、交底、安全检查、关闭等全流程设定业务需要的作业操作流程。

（2）作业票电子化

作业申请前，特级、一级动火作业，受限空间作业，二级以上高处作业，一级吊装作业，要关联JSA分析后才能进行下一步的作业票申请。

作业票对内对外展示新增字段录入时可进行区分，由外部设置专用账号来实现（填写时要确定内外部）。

申请人：上传附件（安全教育培训）设为必填项；填写作业票时不能有空项，可以用"/"代替；一个作业点有不同时间、不同种类的作业票进行关联，如关联作业证编号。

审核部门：提交到审核节点，在一块面板上进行签字；作业票审核存在三种情况，分别是不审核直接审批、单人审核单人审批、多人审核单人审批。

各作业票流程大致相同,以动火作业票为例,说明一下作业过程中各流程的实现形式。

(3)安全作业许可证管理

作业管理流程见下图。

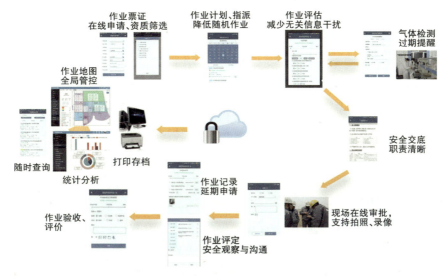

安全作业许可证流程图

(4)安全作业管理流程

安全作业许可证(电子作业票)的流程如下:申请、计划(此流程可跳过)、指派(此流程可跳过)、评估、安全交底、审批、进行作业、验收八个步骤。各个流程阶段的详细功能有:

①申请:在线申请特殊作业许可(八大票证:动火作业、受限空间作业、盲板抽堵作业、高处作业、吊装作业、临时用电作业、动土作业、断路作业),填写作业名称(文本输入)、施工区域(区域列表下拉选择)、责任部门(部门列表下拉选择)、作业单位(部门列表下拉选择)、计划起始结束时间等,同时支持配置一些其他申请项;作业票编号自动生成;作业人员关联证书管理,资质不符合的人员无法入选;同时支持申请人进行初步安全评估。

②计划:对申请的作业时间进行安排和修改,降低作业的随机性,提高作业计划率,从全局控制作业风险,控制区域内的作业数量和作业人数,统筹合理分配作业量,支持对申请信息以及评估信息进行编辑,支持取消关闭作业(需填写

取消理由)。

③指派:装置经理指派合适的人员去作业现场进行风险评估;支持对申请信息以及评估信息进行编辑,支持取消关闭作业(需填写取消理由)。

④评估:评估内容、防护措施与作业内容紧密关联,避免纸质作业票中出现评估内容不足的问题,减少无关信息的干扰;对必填项、合理范围、分析检测结果等进行自动校验,消除故意违规和操作失误;涉及专业确认内容的,发起并邀请各专业相关人员进行专业确认;对交叉作业或关联作业进行识别,并关联相关作业,作业负责人需签字,确保周边作业人员清楚风险;对于动火、受限空间作业,支持气体分析,气体检测分析的结果进行自动校验是否在合理范围,气体分析结果到期自动提醒;工作审批或延期中,气体检测时间超时,提醒重新检测,否则无法审批。

⑤安全交底:对作业内容、风险和防护措施进行最终确认;对作业人员进行安全交底,并支持拍照、视频记录,智能提醒交底人是否有作业人员或监护人参与其他作业的情况。

⑥作业审批:根据企业作业管理制度配置审批流程,逐级审批;支持NFC工卡、密码、电子签名等多种验证方式。根据作业级别自动选定具有审批资格的审批人;相关信息的及时推送、提醒,缩短审批时间,提高效率。

⑦作业记录:作业现场可展示二维码,可以随时查阅作业详情信息;记录作业过程,支持拍照、录像等功能;并可以邀请关注,相关人员可进行评论,进行远程在线评论指导作业,支持作业许可证的延期,气体分析到期后,再次进行气体分析结果的登记。

⑧作业验收:对作业完成情况进行验收,可通过或驳回;对作业完成情况进行评级。作业验收通过,自动关闭相关联的作业票及特殊作业许可;作业过程全流程闭环管理,责任明确,节点清晰,便于追溯。

(5)安全作业许可证的查询与统计功能

①作业地图:可在厂区地图上直观地全局展示各装置界区及其子区域内安全作业许可证情况(区域层级参照系统中区域层级),包括:作业票数量、含特殊作业的工作许可证数量、各类特殊作业数量、参与作业承包商数量、参与作业人数等。

②作业查询:可通过起止时间、作业单位或部门、作业区域、作业类别、作业状态以及关键词(支持作业标题及票号关键词搜索)进行检索和筛选。

③作业统计:可按作业类型、作业单位、作业区域进行多条件组合统计分析

和横向比较。

④打印存档:具有打印输出功能。

特种设备、重点设备、管廊管线、重点装置、重点场所、人员管理、重大危险源安全管理、在线监测、监测预警、视频监控与智能分析、特殊作业管理内容图片请扫描以下二维码查看。

12.双重预防机制

2016年,国务院安委会办公室发布了《关于实施遏制重特大事故工作指南构建双重预防机制的意见》。系统针对性地开发了安全风险分级管控和隐患排查治理系统,可帮助企业以安全风险辨识为基础,突出风险管控,加强安全巡查,有效防止事故隐患,构建完善的、持续有效的"双重预防机制"和运行模式,切实提高防范和遏制安全生产事故的能力和水平。化工生产安全风险管控和隐患管理系统业务流程图见下图。

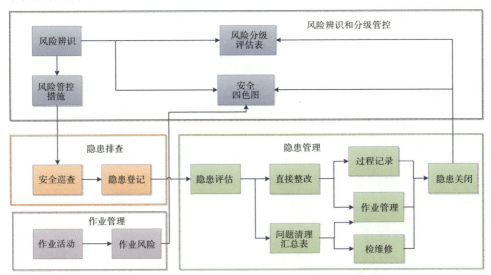

安全风险管控和隐患管理系统业务流程图

安全风险分级管控、划分风险分析单元、辨识评估风险、隐患排查、安全检查、智能巡检系统、应急管理、信息发布、培训管理、系统管理、日志管理、数据交互传输管理、危险源监测数据对接、融合通信平台、调度业务管理功能内容请扫描以下二维码查看。

第四节　数字资产平台升级与优化

一、项目定义

该项目本质上是一个三维可视化基础平台,即可服务于工厂的安全管理信息化,也可服务于设备检测与管理,还可以服务于生产过程可视化管理。在升级建设中,着重开发该基础平台在厂区安全管理信息化方面的应用。

二、开发背景

工厂基于2D地图可视化系统,已经形成了一套完善的安全管理信息化应用。而3D可视化平台,与原有2D地图可视化系统的前端相比,会在功能上进行良好的补充。并且在后端信息充分共享的情况下,避免了后端数据资源的重复建设。

内因方面,由于对安全管理3D可视化有着不断探索,确保了安全生产的需求。外因方面,在化工产业领域,无论是安全管理、设备管理,还是生产管理的信息化,都在追求工业互联网技术对行业的信息化管理效率的直接提高。

三、建设要求

(一)在场景上涵盖三张图

场景建设包括三张图,分别是区域GIS图、厂区三维图、装置三维图。

1.区域GIS图。区域GIS图层级从大到小排序,使用静态图或动态GIS的方式实现,或以三维数字地球的方式实现。

2.厂区三维图。地图包括厂区平面图、建筑物、道路、铁路、围墙、雨水篦子、防火提、路灯、草坪、隔离带、装置界区等地物模型,以及其空间属性信息。

3.装置三维图。包括装置界区内生产设备、仓库、厂房、管廊、塔架、储罐生产相关地物模型,以及相应的空间属性信息。

（二）在场景上接入的数据

1.探测类数据[火灾报警点位、GDS探测设备点位(可燃、有毒、氧气)、SIS报警点等]空间属性信息。

2.安防类数据(视频监控设备点位、门禁点位、周界报警点位等)空间属性信息。

3.消防类数据(消防栓、泡沫栓、灭火器、手报、固定炮、遥控炮、雨淋阀室等)空间属性信息。

4.救援类数据(扩音对讲点位、应急箱、急救室、洗眼器、应急物资、应急器材库等)空间属性信息。

5.环保类数据(污水、废气、渣排放点、环境空气质量数据)空间属性信息。

6.气象数据。

7.危化品、两重点一重大。

8.人员定位、车辆定位。

9.SPF中装置设备的属性数据、设计数据、检修数据等。

四、项目特点

传统的数据资料管理模式——二维空间数据管理模式,存在着立体化信息不完善的缺陷,三维模型对地物信息的立体化将各类设备、工艺、业务数据与三维实体模型关联整合,弥补了二维可视化在表达上的不足。

本系统要实现数据资源与三维模型一体化关联管理,并可以与现场信号实时互动,监控与模拟现场状态。

基于B/S架构的前端,以及独有的轻量化引擎,确保了VR级别的显示效果,并能够保证超大规模厂区的快速加载与三维操作不卡顿。

支持多样化的网络传输与前端呈现,并可以无缝集成到其他的企业信息化系统中。

本项目不仅仅使用这些三维地图、模型、数据,来实现安全可视化监控与数据统计,更要为企业安全生产打下一个坚实的模型和数据基础。我们既要在业务上抓安全生产的核心需求点,又要在资源上做基础平台,还要在前端展现与操作上做到人性化。

五、建设目标

针对项目的具体情况,从信息交互共享、三维可视化管理、管控一体化等角度着手,建立一套三维可视化平台,为企业的管理层、决策层提供准确全面的信息来源和决策支持。

建立集厂区内三维地物地貌、地表生产装置、设备设施等地表全要素3D一体化显示系统,使得安全监测、报警展示、应急处置的一张图能够可视化,装置设备属性参数、设计参数、检修数据等一张图能够可视化,帮助企业决策层作出科学决策,培养工作人员的处理突发事故的能力,提高企业员工的生产技能、事故应对能力以及企业的整理应急管理水平和信息化水平,为企业经营创造综合价值。

六、项目建设方案

(一)场景建模方案

1.鹰图VUE模型装置轻量化与建模

(1)轻量化工作

将现有的鹰图数字资产的装置VUE模型导入、解析、轻量化及装置外皮建模。

(2)轻量化说明

涉及3ds Max中的模型分离,主要是对各种圆柱形管道、管件、仪表进行分类减面,对不同的物体设置不同的减面比例,然后再把Mesh(无线网格网络)打组。有些模型还涉及要在模型处理工具中进行批量合成Mesh和减面,以满足性能要求,达到轻量化的内容进行分类分级轻量化的目的。

(3)轻量化目标

在Client(客户)端,10000个三维物体,每个物体轻量化到三角面10000面以内,总计100M三角面显示,最终满足引擎快速加载,且操作时不卡顿。Web端争取能到这个目标的1/10,也就是最多10M三角面显示。

轻量、美化后运行的模型

2.外围与建筑建模

(1)厂区地图与高程图导入

导入目前HSE平台已建立的厂区GIS地图+高程图作为静态的基础地形图。

(2)公共地物模型的建设

地板、道路、植被、树木、水域、堤坝、桥梁、围墙、大门等布局和装饰物建模。根据CAD园区平面竣工图、照片进行Sketchup(3D设计软件)设计或使用3ds Max建模,再导入FBX文件到引擎。如果CAD图纸不够准确或竣工图遗失,借鉴厂区鸟瞰图、照片,也可以使用无人机摄影拍照。

建筑外皮、楼层框架、门窗建模、室外管道外皮建模。已建成的建筑,根据CAD施工竣工图(平立剖)和照片。这里的建模标准,可以按建筑设计院LOD100到LOD200为准,只做建筑外皮、楼层框架(甚至只需要有板,不需要柱和梁),门窗只需要使用贴图而不需要做门框窗框建模。

厂区地板、道路、植被、水域、围墙等装饰模型,以及场景中的建筑与装置外皮

(3)监控点设施建模或图标绘制

将探测类、安防类、消防类、救援类、环保类、危化品等监测数据点位建立相应的展示图标或三维展示模型。

根据业主需求的类型和精度,进行3ds Max建模,然后导入FBX到引擎。例如摄像头、消防栓、门禁、电子围栏等点位建立三维展示模型。其中一部分可能不建模,只需要给出图标ICON。例如:有毒、可燃等的监测点位。

(4)模型整合在3D引擎中

(5)监控点模型位置导入

根据对应2D空间的坐标,我们会将定位数据与3D空间坐标系进行转换,对于不带高度信息的2D空间坐标,还需要在三维场景中做一次高度的修正(模型位置对准)。

(6)模型位置对准

将模型位置在引擎中进行精确对准,与厂区地形地板无缝契合。

厂区整体效果

(二) 三维场景装饰动画与特效制作方案

场景相关的帧动画、UV 动画与特效工作：

1. 河流、水域、水池、污水、动态材质 UV 动画制作。

2. 管道流出的粒子特效制作。

3. 废气、毒气、蒸汽等烟囱冒烟的粒子特效制作。

4. 雨雪特效制作。

5. 天空盒制作。

6. 场景后处理制作。

(三) 三维场景物体配置数据方案

空间结构配置，即各种静态模型在层级列表中的配置，哪些需要在层级列表中允许被点选到，也就是能在三维场景中被点选到，这里就要对齐空间层级进行配置。

对于装置 vue 格式模型而言，其本身有一个层级列表是可以导出来直接用的（但对于 vue 中的建筑结构，可能会去掉）；对于模型与 SPF 中数据的关联，利用装置、设备、部件模型的 ID 关联 SPF 中的数据；对于建筑来说就需要手动配置了，这个配置的工作量取决于厂区里面可点击的建筑的数量（针对要查看属性的建筑或者要随时监控的建筑）；对于所有的摄像头、监控设施等等，也都要进行这个配置，用户才能在层级列表中或者三维场景中点击这个模型，显示其属性面板；聚焦配置，调节聚焦角度与距离，调节碰撞盒；需要对准备进行摄像机聚焦的物体（层级列表中可点击的模型），进行聚焦角度与距离的设置；需要对准备进行摄像机聚焦的物体,进行碰撞盒的设置与调节;物体所属类型的配置、物体筛选列表的配置(即物体分类表)及功能模块筛选列表的配置,需要配置每个可点击的物体的所属类型;用于全局的高级筛选列表是在服务器定义的三维物体的类型的树形结构中;模块筛选列表,定义了不同模块的预定义高级筛选,在切客户端换模块的时候,直接执行预定义的筛选;物体关联监控摄像头编辑;对于特定的设备和风险单元,要编辑与其关联的摄像头,才能够在发生事故时,快速跳转到与事故相关联的摄像头列表。

1.三维操作与场景编辑器

(1)3D展示场景

三维主场景展示场景的加载与存储。装置设备的独立场景,将三维场景分成两级,最大的好处就是确保了超大场景显示时不卡顿(装置场景就相当于三维游戏中的室内房间一样)。同时在数据层面,又可以在这两级互通,不影响用户通过层级列表和筛选列表对厂区的全局物体进行操作。分楼层的独立场景,带爆炸图动画显示的装置独立场景,拍平显示二维数据的独立场景。

(2)3D基础操作

三维核心操作包括摄像机平移旋转缩放、层级列表点选、地址栏点选、三维场景中点选聚焦、筛选列表筛选。

物体查找与地物信息匹配查询,在用户指定物体及查询范围后,系统可自动查询选定范围内的其他类型物体,通过列表形式按距离远近给出查询结果,并能够可视化地查看关注目标的位置及与中心点的距离。

分层显示半透明化处理,无论是三维主场景,还是单体三维场景,都会涉及在三维空间中如何查看建筑或设备内部零部件的问题,这方面最常用的方式就是当显示设备内部的时候,将设备的父级节点置为半透明。

(3)3D场景编辑

场景及场景中物体的编辑与存储,本部分属于基础编辑功能,后面结合业务的编辑风险单元及编辑应急预案逃生轨迹等等,是以这里为基础进行的定制开发。具体功能包括:①三维场景中添加与删除模型,调整模型在空间层级列表中的位置;②三维场景中模型的平移旋转缩放修改;③三维场景中自定义标注;④三维场景中自定义轨迹;⑤三维场景中自定义面域或多面体。

3D模型库与场景编辑器下载模型库,前面做的所有三维模型,都会在被压缩成bundle(一种可执行压缩文件捆)文件后,上传到网络3D模型库。然后在启动工程时下载bundle到本地3D模型库中,供用户将3D模型拖拽到场景中,从而快速添加3D模型。三维场景可以打包成桌面版、大屏版。

2.3D厂区进入模式

(1)三维地球动态地图逐级缩放进入三维厂区

该方案类似谷歌地球的缩放方式,可以通过点击地图标注或层级列表中的厂区,切换进入到厂区三维主场景中。

(2)PI工艺流程查看

生产流程展示功能通过生产流程工艺总图,来支持生产流程、关键参数、运行状态、参数趋势及历史数据的查看。

(3)SPF数据关联查看

基于三维可视化场景,根据装置、设备、部件的模型ID关联查看相关的设计参数、技术参数、检修数据、相关文档。

3.安全监测功能

基于三维可视化场景,探测类、安防类、消防类、救援类、环保类、危化品等相关监测点位的空间信息、属性信息、数据信息监测进行展示。

按类型规划数据图层,精确定位监测点位,体现点位的分层关系,展示点位的相关信息。

风险单元的规划,实现风险单元列表展示、风险单元盒子的加载与显示、风险单元详情面板、风险单元编辑与存储。

实现安全监测点相关视频点位的视频信息的查看。

4.报警展示功能

报警展示包括装置整体变色、警灯特效和屏幕特效、通过时段信息查询、报表方式信息显示、视频监控全屏面板、视频监控侧边栏面板、单个视频监控侧边栏面板等内容。

5.事故处置功能

事故发生时,基于二维、三维场景一体化的方式实现事故的处置及展示效果。事故点特效动画、救援现场特效动画,车辆进

报警展示功能内容请扫描以下二维码查看。

入特效动画基于三维场景下展示更加直观。人员及车辆的定位、导航需要精确的坐标数据,需在二维地图中展示处理,这样可使定位及导航准确的同时,更有利于同人员、车辆定位系统的对接。

三维场景中展示事故处置的动态效果,定位事故发生地点,展示事故详情、事故影响动态缓冲区、缓冲区内救援资源。

事故点展示

根据用户需求,拆解成动画或特效需求列表,然后逐一制作。展示相关事故点的事故特效,救援现场及救援车辆的特效展示;同时可以调用现场视频查看现场实况,把控处置工作情况。

二维场景中根据事件信息选择处置预案,展示预案处置流程,按流程节点自动下发处置任务,同时监视任务反馈情况;展示撤离路径导航,事故点到安全区两条路径的规划,保障人员安全撤离;救援路径导航,消防站或厂门口到事故点最优路径的规划,为应急救援提供保障,争取救援时间。让处置直观、规范,快速响应,提高处置效率。

6. 设备监测与报警展示功能

除了主场景能够显示部分简单的装置设备模型之外,还会有大量成套的装置设备模型是要切换场景进行展示的,在主场景点选该装置,只能查看该装置的总体属性,无法点击装置内的零部件进行查看。

在厂区三维模型级别,对装置设备的模型进行查看,就要通过层级列表或者通过双击装置模型,切换到装置场景中。这时候左侧的层级列表中,依然可以显示厂区全局的层级列表,也可以根据客户的要求,只显示该场景的层级列表。

这样将三维场景分成两级,最大的好处就是确保了超大场景显示时不卡顿(装置场景就相当于三维游戏中的室内房间一样),同时在数据层面,我们又可以在这两级互通,不影响用户通过层级列表和筛选列表对厂区的全局物体进行操作。

从外部场景进入单体装置场景中进行查看

由于独立设备可能有多种多样的形式,有些是很狭长的,有些是部件很少的,所以这里会根据用户的需要,来进行不同类型的独立设备场景开发,我们目前能够提供的常见的几种场景结构,譬如单体设备场景,可以拆解为爆炸图进行查看。

(1)装置设备固有信息可视化查询。系统支持对企业各类装置/设备工艺参数、属性信息进行自由灵活地鼠标点选查询及列表查询。通过顶栏标签面板、侧边栏面板、全屏面板等方式,展示设备属性信息,为人员了解企业设备情况提供便捷的可视化途径。

(2)装置设备生产信息可视化监控与历史记录查询。对设备生产数据进行监控,这类数据的特点是可以持续发生变化,并与设备报警紧密关联。

(3)设备报警展示。当设备监测数据发生报警时,醒目提示。这类展示需要提前定义好变色规则,或者警灯及全屏后处理的变色规则,以及可能对应的声音提醒。

(4)设备报警记录。包括设备报警记录的列表展示、图表分析展示,以及相应的筛选规则。用户可以选择建筑或设备类型,选择具体的某个设备或某类设备,可以选择一段时间内的一定间隔的数值统计报表。

7.功能及数据接口对接

三维展示相关安全监测数据接口、报警数据接口、事故信息数据接口、应急流程数据接口、任务执行数据接口、图层接口、数据权限接口的修改。

三维展示基础数据管理、业务数据管理、报警管理、危化品管理、事故管理（上、接报管理）、预案数字化管理、应急演练管理、角色权限管理、图层管理等功能的修改。

三维模型中展示装置设备的属性参数、技术参数、设计文档、检修数据等SPF中相关数据接口的开发。

（四）项目技术方案

1.项目SPF数据接入方案

备选方案一：使用SPF客户端接口定期采集工具，进行数据转存。

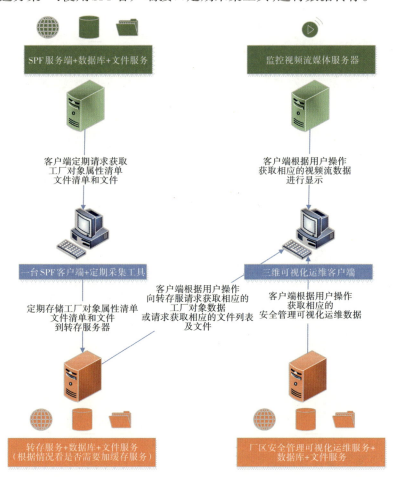

接入方案示意图

　　注:该方案的采集工具、转存服务端与SPF彻底解耦。好处是SPF服务或者采集工具的失效,不会影响到三维可视化运维系统的使用。当采集工具或转存服务端出现问题时,可以单独进行排查。

　　备选方案二:使用SPF服务端接口定期采集工具,进行数据转存。

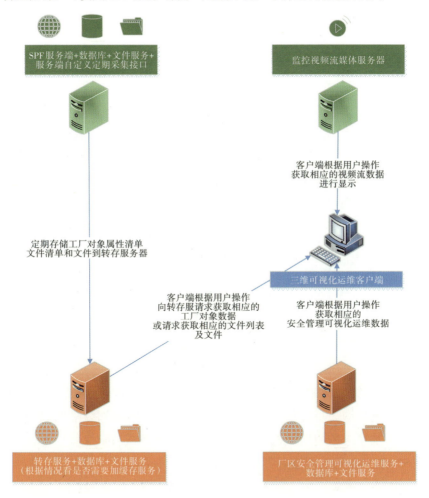

接入方案示意图

　　注:该方案的采集工具放置在SPF服务端,使转存服务端独立,与SPF部分解耦。好处是SPF服务或者采集工具的失效,不会影响到三维可视化运维系统的使用。当转存服务出现问题时,可以单独进行排查。

　　备选方案三:使用SPF服务端接口直接和最终客户端对接。

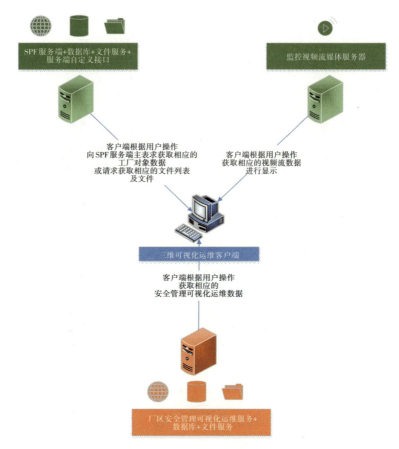

接入方案示意图

注：该方案的采集工具放置在SPF服务端，且不部署转存服务器，与SPF紧密结合。好处是架构简单，但是当SPF服务或者自定义的接口失效时，会影响到三维可视化运维系统的使用。这种情况下，当SPF服务或自定义接口出现问题时，必须到SPF服务端进行排查。

2.项目关键技术

（1）三维可视化运行引擎（三维操作系统+三维场景编辑器）

（2）三维资源加载引擎（在场景编辑器和Unity中对接模型库平台）

（3）三维模型轻量化引擎（人工+工具的方式处理三维模型轻量化）

3.模型的动态加载与空间数据的后端存储说明

模型贴图资源，是通过网络模型库进行动态加载的（缓存在客户端本地）。

模型的空间数据,一部分处理成静态的(如地形地板装饰物)存储在客户端本地,只根据客户端版本发生变化。另一部分处理成动态的(如建筑、装置、摄像头、消防器材、救援轨迹、风险单元等内容的位置信息,进行平移、旋转、缩放操作),在客户端编辑后存储在服务器中(数据库或 JSON 文件中)。

场景建模方案、三维场景装饰动画与特效制作方案、三维场景物体配置数据方案内容图片请扫描以下二维码查看。

动态的部分也可以对用户进行分级管理。不同的用户,可以对不同类动态数据进行编辑与维护。

第五节　生产管理平台升级与优化

生产管理平台(MES)在数字化转型中发挥了重要作用,但功能有限,仍待完善。

MES 在数字工厂中,只有实时数据库、生产调度模块中的生产监控和物料平衡功能、能源管理模块、生产统计模块、LIMS 数据集成模块,而 MES 其他模块如工厂模型、操作管理、生产调度中的作业计划和调度指令功能、计划排产、成本管理、物料管理、设备运行管理,以及移动应用等并未纳入其中。计划增加工厂模型、操作管理、生产调度中的作业计划和调度指令功能、设备运行管理及移动应用。具体实施如下:

一、工厂模型

基于工厂主数据,搭建工厂模型,包括装置、工艺路线、设备、原料等模型,工厂模型数据可灵活配置,易于修改和扩展。

其中生产主数据包括生产装置、工艺路线、设备等生产建模,能够集成 ERP 系统物料、BOM 等基础数据,适用于整个工厂的各个装置及生产线。基础信息涵盖工厂信息、装置信息、原料信息、生产工艺要求、物料信息、设备信息等。模型配置包括原料产品主数据、牌号、生产路径、工序、设备等。

二、操作管理

通过操作管理为班组建立一套精细的操作管理流程,规范生产操作过程,提高班组工作效率,使生产运行更加安全、高效。其功能如下:①操作指令/工单管理:班组工作任务下达、执行、反馈流程闭环,可跟踪、可追溯。②作业指导书:标准操作规程SOP电子化、模板化、流程化。③操作指标监控:工艺参数实时采集,与目标值比较,超限报警推送。④交接班日志:无纸化交接班,自动提取工艺指标、产品质量等情况,最小化人工录入。

三、生产调度

利用实时数据库、操作管理、物料平衡等外部系统的数据加强全厂计划执行情况的跟踪,依据各车间短周期滚动作业计划的实际完成情况,对生产过程事故状况进行监视。当调度滚动作业计划执行出现矛盾时,立即进行协调和平衡,以保证生产顺利进行。

第六节　企业资源计划平台升级与优化

一、供应商管理

在智能制造阶段,对ERP功能进行升级、拓展。增加供应商管理系统SRM(Supplier Relationship Management),其功能有:①供应商资料新增、修改、删除等基础资料维护功能;②支持供应商分类管理;③支持供应商评估管理;④支持供应商成本分析、质量分析。

供应商管理系统以供应商信息管理为核心,以标准化的采购流程及先进的管理思想,从供应商的基本信息、组织架构信息、联系信息、法律信息、财务信息和资质信息等多方面考察供应商的实力。再通过对供应商的供货能力、交易记录、绩效等信息进行综合管理,达到优化管理与降低成本的目的。

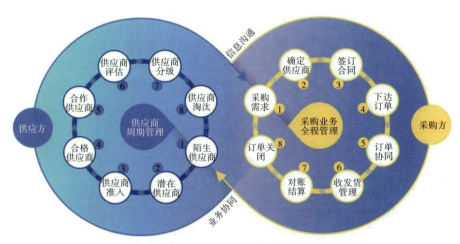

采购业务周期与供应商生命周期管理闭环图

（一）供应商管理环节

系统覆盖供应商管理中的各个环节，包括供应商注册及准入审批流程、信息变更及审批流程、供应商黑名单及不良名单管理、供应商分类分级管理、供应商评价体系设置、供应商评价设置、供应商评价处理、供应商改善计划管理、供应商不良行为管理、供应商奖惩管理等功能。供应商对相应品类的物料供货能力的管理。

（二）战略寻源

随着业务日益复杂，采购频次、数量、库存、运输、使用、维护等成本变量增多，企业采购决策者缺乏数据与信息支撑，成本价值难以计量，重大决策往往缺失关键数据信息。企企通能助力企业实现高效、合规、阳光采购，从内部驱动战略性降本增效，推动企业寻源采购向高质量发展转型；从单纯的寻源延伸到战略协作，从单一的产品供应演化为企业能力的补充，战略寻源通过协同可以提升企业竞争力与决策质量。

供应商管理系统还包括电子招投标、采购管理、采购合同管理、采购商城等模块。

二、销售管理和销售电商

客户管理，主要实现从档案、类别、等级的客户基础信息管理到关系、评估、分配的全面客户关系管理；销售过程，主要实现对客户销售过程中的销售指标达成、客户潜力设定、销售线索搜集、客户开发过程、销售报价、销售合同签订及执行等各项业务的管理；在线交易，主要实现在销售电商平台发生的客户注册、客户下单、竞价销售、发货跟踪、收货确认等业务的管理；营销分析，主要实现对各种营销数据的建模、分析和展现。

三、商业智能

商业智能（Business Intelligence，简称BI），又称商业智慧或商务智能，指用现代数据仓库技术、线上分析处理技术、数据挖掘和数据展现技术进行数据分析，以实现商业价值。

（一）读取数据

从许多来自不同的企业运作系统的数据中提取出有用的数据并进行清理，以保证数据的正确性，然后经过抽取（Extraction）、转换（Transformation）和装载（Load），即ETL过程，合并到一个企业级的数据仓库里，从而得到企业数据的一个全局视图。

（二）分析功能

使用户能够即时以交互方式对相关数据子集进行"切片和切块"。同时，比如向上钻取、向下钻取、任意挖掘（跨业务维度）、透视、排序、筛选及翻阅，可用于提供关于绩效的基本详细信息。最重要的是它能够回答存在的任何业务问题。这意味着调查深入到单个或多个数据仓库中可用的最原子级别的详细信息。

（三）丰富展示功能

视图的统计对象只针对数值项目，统计方法有合计、平均、构成比（纵向、横向）、累计（纵向、横向）、加权平均、最大、最小、最新和绝对值等十多种。

数值项目切换通过按钮类的阶层化（行和列最多可分别设置>8层），由整体到局部，一边分层向下挖掘，一边分析数据，可以更加明确地探讨问题所在。

图表画面系统使用自己开发的图形库，提供柱形图、折线图、饼图、面积图、柱形+折线五大类共35种。在图表画面上，也可以像在阶层视图一样，自由地对层次进行挖掘和返回等操作。

（四）仪表板功能

构建大数据运营决策平台，建立完善的KPI体系，整合不同来源的数据，对数据进行规范化处理加工，形成大数据中心；通过此平台，构建领导管理驾驶舱和主题分析，提高数据分析与共享能力，充分挖掘数据价值，能够为经营管理和决策提供科学依据。

越来越多的用户采用记分卡和仪表板来获取财务、业务和绩效监控的鸟瞰图。通过可视化的图形、图标和计量表，这种传输机制和图形数据帮助跟踪性能指标走向，并向员工通知相关指示指标趋势和可能需要的决策。提供集成视图所需的数据元素通常要跨越多个部门和学科，只有保证是绝对最新的数据才能达到上述效果。

数据质量的高低会影响记分卡和仪表板用户，因此这些用户必须能够：①使用仪表板中计量表和刻度盘上的完整数据，并迅速采取措施；②获取集成视图并使用标准化数据进行协作；③利用具有一致数据的正式记分卡方法；④向下钻取以查看组或个人级别绩效的准确数据；⑤找到能够生成明显趋势且重复数据最少的业务流程；⑥推导关联性并通过验证的数据执行交叉影响分析。

四、物流调度管理

以物流信息化为基础，以现代可视化技术为支撑的物流可视化管理模式为物流企业管理决策、生产调度指挥、作业过程监控、在途跟踪管理等提供现代化工具，在物资流通的全过程跟踪定位、配送规划、运输分析，以及辅助决策方面提供支持。

TMS（运输管理系统）可实现对物流运输进行全程监控，进行在途信息的可视化管理，并且满足订单管理、承运商管理、调度配、车辆管理、回单签收、KPI考核、在途跟踪、费用结算等要求。

第五章

智能制造创新平台建设

第一节　设备管理平台

以设备完整性管理理念对设备全域进行体系思维打造,构建全设备域的数字化管理生态,以设备管理体系为载体,以数据驱动为核心,打造统一、完整、科学、智能的设备管理能力,统筹推进业务与技术的迭代变革,实施设备管理智能化转型,助力企业设备管理水平高质量发展和快速提升。

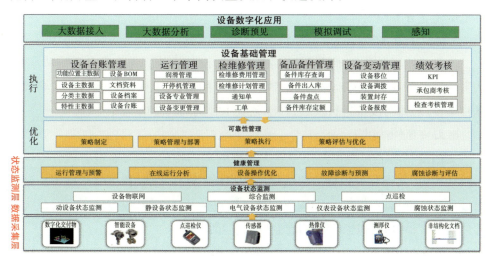

设备管理系统架构图

一、系统主要功能

(一) 设备台账管理

设备台账管理主要包括设备功能位置主数据、设备主数据、文档资料、设备档案等。

1.功能位置主数据

功能位置按照组织结构形成树形结构,自上而下进行展示,用来记录设备的空间具体位置。以功能位置挂接设备的历史记录实现设备的更新更换历史查询。

2.设备主数据

设备主数据是设备管理系统中的主要数据对象,主要有基本信息、组织结构、技术参数、文档清单。

3.设备BOM

设备BOM即为设备的备品配件清单,关键设备和主要设备都应建立备品配件清单,以便在设备投入运行后,能更好地指导设备维护保养工作,并在设备发生故障需要维修时快速找到所需更换的物料信息。

4.分类主数据

分类主数据用于将拥有同一类属性的对象进行归类并与其他对象进行区别。系统建立按照国家标准或者行业标准制定的分类编码体系,也可依据企业自定义建立分类编码体系。

5.特性主数据

设备特性即设备管理所关注的技术性能,设备特性值即为设备的技术参数,从属于设备分类,不同分类的设备都有其对应的特性,系统内设备的技术参数及时收集整理,并与设备进行关联,在业务应用时供调取使用。

6.文档资料

文档资料功能模块可解决企业大规模的文档管理需求,通过文档分类构建文档结构树,文档分类包括法律法规、管理制度、操作手册、检维修规程等。设备通过开发综合查询功能,以结构化的形式展现全系统文档,以方便用户对系统内大规模的文档进行快速查询,构建企业文档知识库。

7.设备档案

建立设备一台一档,展现设备全生命周期的各项动态、静态信息和设备知识库信息,包括设备的基本信息、组织结构、技术参数、设备备品备件、缺陷/故障清单、文档清单、检维修清单、通知单、设备运行记录、设备全生命周期费用(采购费用、安装费用、维修总费用、维修年消耗费用、报废折旧费用)等内容。

8.设备台账

设备台账基于设备主数据及对应的设备分类、特性数据,实现了设备台账树状结构显示和设备概况查询。按设备分类的层次结构直观展示了各分类下设备台数,且具有各设备分类层次的数据挖掘功能,将最底层分类涉及的所有设备展现在同一级专业台账,实现综合台账和专业台账的分类查询、展示和导出。

(二) 设备运行管理

设备运行管理主要包括设备开停机管理、润滑管理等。

1.设备开停机管理

记录设备启停状态切换时的信息,通过系统运算,计算出设备运行月报,例如设备的开机时间、备机时间、停机时间等;并结合设备的故障管理、维修管理的信息,反映出设备当前的运行状态。

通过记录设备启停状态切换时的信息,系统自动计算设备各项运行参数,便于掌握设备一定时间内的运行情况和当前设备运行状态。

2.润滑管理

通过加油点、润滑点的建立,自动形成五定指示表,建立多种换油模式,自动提示到期应换油,指导现场换油工作。

(三)检维修管理

检维修管理主要包括检维修计划管理、检维修缺陷管理、预防性检修等。

1.检维修计划维修

计划管理主要包含装置上报的月计划、年计划,还有新增设备的零星采购计划申报。主要功能包括计划新增、计划编辑、计划显示、计划删除,以及零星采购计划的新增、编辑、删除、删除。

2.检维修缺陷维修

用以登记和记载设备故障信息,故障信息包括故障的对象(设备)、故障的简单描述、故障发生的开始时间和结束时间、泄漏点记录、故障现象、损坏部位、故障原因、采取的措施,以及影响程度。故障记录作为设备完好率、故障率、泄漏率的统计依据,能够统计当前公司设备故障状况。对设备故障历史进行统计,可为企业提供不同故障模式下发生的占比情况等信息,为设备故障管理和分析提供数据基础。

3.预防性维修

执行预防性维修,将设备的事后维修改为事前预防维修,这样可以减少非计划的停机损失,延长设备使用寿命,确保装置的长周期稳定运行,降低检维修费用。在系统中预先录入各个设备的维护性保养计划,系统可以据此自动按时生成工单供用户后续维修处理。

4.工单管理

确定设备故障要维修后,通过维修工单进行检维修协同与调度。维修工单中包含了对资源的计划和调度,包括了内部维修人力资源、外部维修人力资源和维修用备品备件等。工单执行完毕后,对维修工作内容及质量进行验收。

(四) 备品备件管理

备品备件管理主要包括备件库存查询、备件库存定额管理、备件消耗统计等。

1.备件库存查询

查询仓库系统里面备件的供应商、单价、库存数量、储存地点等信息。

2.备件库存定额管理

按照备件库存定额公式自动生成不同组织架构的备件库存定额,特殊要求备品备件按照备件、备件种类计算备件库存定额。

3.备件消耗统计

针对不同时间段、不同组织架构,对检维修产生的工单里的所有备件进行消耗统计。

4.备件仓储管理

包括备件库存台账、退库、领料、发放、移库、盘点等功能。

5.备件采购计划

备件库存量加物料采购数量小于备件库存定额数量时自动触发备件采购计划,并与企业采购系统集成。

6.备件移库管理

实现备件在不同库位或者不同仓库之间转移的申请登记、审批,实际实施后同步变更出入库表。

7.备件盘点管理

制订定期或临时盘点计划,定时对仓库备件的实际数量、型号等进行清查、清点,对仓库现有备件的实际数量与账上记录的数量相核对,以便准确掌握库存数量,并对差异原因进行分析说明。

(五) 设备变动管理

设备变动管理主要包括设备调拨租借、闲置设备管理、报废设备管理等。

1.设备调拨租借

设备发生调拨或租借在线上发起申请,实现不同组织架构的调拨租借单新增、查询、编辑、删除、显示。

2.闲置设备管理

闲置设备需进行退库或就地封存记录,并定期进行维护保养计划,实现不同组织架构的闲置设备管理单新增、查询、编辑、删除、显示。

3.设备报废管理

报废设备走线上审批流程,实现不同组织架构的报废设备管理台账的新增、查询、编辑、删除、显示。

4.报废物资盘点

定期对各分公司的报废物资进行盘点,并填写报废折旧费用等,实现按日期对不同组织架构的报废物资盘点新增、查询、编辑、删除、显示。

(六) 智能巡检管理

智能巡检主要包括路线管理、巡检计划、今日任务、实绩查询、统计分析等功能。

1.路线管理

依据巡检制度自定义巡检内容、巡检指标、巡检人员和巡检顺序。

2.巡检计划

制定巡检路线的执行时间和执行频次,支持定时生成点巡检任务。

3.今日任务

按照巡检路线和巡检计划,巡检人员自动收到当天巡检工作安排并进行现场检查登记,并与缺陷/故障管理功能相关联。

4.实绩查询

巡检实绩是指每条巡检项目获取的实际结果值。巡检实绩统计功能将对一段时间内的巡检实绩按照公司、部门、路线、实施方等类别进行统计,显示的信息包括应检数、实检数、正常数、报警数等。

5.统计分析

统计分析分为报警统计和漏检统计。巡检标准中规定了设备每个检测项目的标准值或标准区间。巡检人员现场采集的设备参数与标准区间进行对比,如果该参数不在标准区间范围内,则系统会自动产生报警记录。报警统计功能是对一段时间内的报警记录数量按照组织、日期、路线、专业、实施方等类别进行统计,显示的信息包括发现总数、已关闭数、已处理数、未处理数、转入缺陷数、简单处理数等。

（七）绩效考核

通过实现对设备全生命周期管理的在线管理，设备管理系统可提供多种查询报表，包括设备信息类报表、故障维修类报表、专业管理类报表、综合管理类报表。

故障维修类报表，包含设备故障统计表、计划检修完成率等；设备信息类报表，包含设备台数及购置值统计表、设备综合台账、设备专业台账等；专业管理类报表，包含设备运行状态、备品备件、点巡检漏检率等报表。

（八）健康管理

1.建立标准故障体系

通过建立企业的标准化故障代码体系，实现用标准化手段记录、统计和分析设备故障的功能。

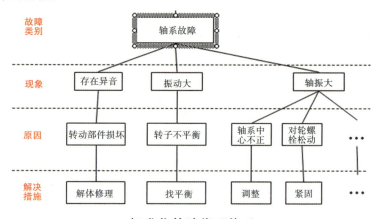

标准化故障代码体系

"故障代码"应用程序用于构建和显示故障层次结构，它可以准确地创建影响设备与操作位置的故障历史。

2.运行管理及预警

建立重点设备与其工艺参数点位号的关联，通过可视化的方式展示重点设备的状态监测情况，并通过预先设置的预报警阈值，实现设备运行的预警和报警。

实现设备状态实时更新。按生产线集成，某台设备出问题，其所属生产线的状态也会立即更新，并通过多维度分类，搜索查看更方便。

3.故障诊断及预测

智能巡检、实时数据库报警信息通过查询功能，显示高、中、低三类异常报警及报警值,高、中、低报警通过三种颜色来区分。其中确认为故障的异常报警,可以在系统中进行处理,登记故障通知单或转待修计划,设备异常信息实现推送功能,报警信息推给相关负责人。

（九）可靠性管理

建立设备可靠性管理体系,通过对设备可靠性策略的开发/制定、管理/部署、执行/监控、分析/评估,实现设备风险评估与管控的闭环及可靠性管理,应用RCM(以可靠性为中心的维修)/RBI(基于风险的检验)/FEMA(失效模式与影响分析)/SIL(安全完整性等级)等可靠性技术,将设备可靠性策略纳入设备的运行及检维修循环之中,建立以可靠性为中心的检维修循环提升体系,推动设备可靠性不断提升,实现装置长周期安全运行。

1.移动 App

移动 App 应用覆盖 iOS、Android 等平台,并充分集成短信平台、OA 等系统,整合关键生产数据及信息,全面支撑移动办公业务。

2.整体展示

展示装置实际产量与计划量的对比(日、月);展示各生产装置投入产出侧线月计划、月累计、日累计、实际量与计划量的日对比等信息;统一展示全厂各装置加工情况;点击某一装置后,展示装置投入产出侧线明细量及收率。

3.操作监控

展示全厂各装置平稳率数据;展示各装置监控点超标信息;点击装置,显示超标点实时值与工艺指标等列表信息。

4.装置生产

整体展示各类原料、中间品、产品库存;某种物料库存变化趋势;某类物料所有物料库存明细;某种物料库存明细以及收付数据信息。

5.交接班日志

实现交接班日志的移动端查看。

6.报表

实现各类报表可以在移动端查询、下载。

7.流程图

实现各类工艺流程图可以在移动端查看。

（十）设备数字化应用

依托数字化交付、三维、虚拟现实等数字孪生技术，对设备全要素进行数据量级还原，实现设备远程实时监控、故障诊断、预警精准定位、数据回溯等，动、静态设备数据可视化呈现，并可进行设备操作、检维修及安全处置的模拟培训等。

（十一）移动应用

现场用户可基于移动端方便地进行设备点巡检、缺陷/故障提报等工作，管理层通过移动端方便地进行业务审核和管理工作，加速业务流程的办理，提高响应速度和工作效率。

移动查询：通过扫描二维码的方式实现设备基础数据查询。

移动填报：实现移动端进行点巡检、缺陷/故障和检维修相关作业票的填报。

移动审批：实现移动端对工作流程的审批和查看。

二、应用场景

（一）设备基础管理

构建设备全生命周期管理体系和全设备域的数字化生态，以设备基础管理为载体，以数据驱动为核心，打造统一、完整、科学、智能的设备管理体系，贯穿设备的设计、采购、安装、使用、运行、维修、报废等全阶段业务流程，实现设备管理的全数据汇聚和全业务贯通。

（二）动设备健康管理

基于动设备的振动、润滑、温度、压力、流量、抖动等多种信息，结合专家经验和典型设备故障事故案例，调用工业模型组件，充分利用在线、多维度和细微尺度的特征信息描述装备的健康程度，实时展示设备健康状态。并对预警和报警数据进行故障预测和诊断，建立设备预测性检维修量化模型，自动生成设备预测性检维修的时间点和推荐检维修方法，以避免设备受损、意外停机和发生生产安全事故。

（三）静设备健康管理

静设备以腐蚀问题为抓手，利用RBI技术，建立腐蚀预测模型和IOW完整性操作，用于对腐蚀趋势的预测和防腐策略的制定和推荐。系统动态展示装置及设备的重点腐蚀部位，动态计算腐蚀速率、剩余使用寿命和腐蚀风险。当超过模型阈值时，触发IOW窗口，并进行预警、报警和策略推荐。

三、技术创新点

（一）工业模型

工业模型设计综合采用大数据模型和机理模型技术，运用数学统计、机器学习等算法实现面向历史数据、实时数据、时序数据的聚类、关联和预测分析，结合机理模型来实现可视化建模分析、训练及优化，为预警、诊断、预测的智能化应用提供模型支撑，提高机器学习的效率和准确性。

（二）设备可靠性模型

利用RCM系统方法论，建立设备可靠性模型。主要实现对系统进行功能与功能故障分析，明确系统内各故障原因和后果；用规范化的逻辑决断方法，确定作出应对策略；通过现场故障数据统计、专家评估、定量化建模等手段在保证安全性和可靠性的前提下，以维修成本最小化为目标优化系统的维修策略，并进行定向推送，有效实现设备智能维修。

第二节　化工流程仿真操作平台

一、OTS（操作员仿真培训系统）

智能制造阶段先规划两套OTS系统。

OTS系统主要包括正常开车、正常运行、正常停车、紧急停车、事故处理及以上工况组合等项目，并能同时实现OTS系统中事故和干扰的任意设定与组合功能。特别是在事故处理工况下，可对事故和干扰发生条件的自定义设定，实现事故场景仿真模拟，提高事故应对实际能力。其主要有仿真教师站、仿真学员站、培训过程监控、仿真课程管理、仿真培训班管理、仿真考试管理、查询统计等功能。

在氯碱中心和石化中心中各选取一套装置实施OTS系统。

（一）方案实施内容

1.使用真实DCS操作员站、工程师站软件，建立组分数据库、热力学模型、单元操作的平台。

2.直接使用装置DCS控制策略组态数据及流程图画面组态文件,进行稳态模拟和动态建模。

3.采用实际设备数据进行仿真建模,如实反映设备的动态特性和动态响应。

(二)预期效益

1.缩短开车时间、装置快速达到平稳。

2.完善工艺及控制系统设计及组态。

3.完善操作规程。

4.受训良好的操作员。

5.提高装置产量、生产效率。

6.避免事故,减少放空、排放。

7.减少非计划停车。

8.减少设备损坏、人员伤亡。

9.加强环保。

二、Aspen Plus（大型通用流程模拟系统）

(一)产品特点

1.产品具有完备的物性数据库Aspen Plus

物性模型和数据是得到精确可靠的模拟结果的关键。具有最适用于工业且最完备的物性系统。

(1)纯组分数据库,包括将近6000种化合物的参数。

(2)电解质水溶液数据库,包括约900种离子和分子溶质估算电解质物性所需的参数。

(3)Henry常数库,包括水溶液中61种化合物的Henry常数参数。

(4)二元交互作用参数库,包括:Soave Ridlich-Kwong、Peng-Robinson、Lee-Kesler-Plocker、BWR-Lee-Starling,以及Hayden-O'Connell状态方程的二元交互作用参数40000多个,涉及5000种双元混合物。

(5)PURELO数据库包括1727种纯化物的物性数据,这是基于美国化工学会开发的DIPPR物性数据库的比较完整的数据库。

(6)无机物数据库,包括2450种组分(大部分是无机化合物)的热化学参数。

(7)燃烧数据库,包括燃烧产物中常见的59种组分和自由基的参数。

（8）固体数据库，包括3314种组分，主要用于固体和电解质的应用。

（9）水溶液数据库，包括900种离子，主要用于电解质的应用。

（10）Aspen Plus能与DECHEMA数据库接口的软件。该数据库收集了世界上最完备的气液平衡和液液平衡数据，共计25万多套数据。用户也可以把自己的物性数据与Aspen Plus系统连接。

2.产品线比较强，集成能力很强

以Aspen Plus的严格机理模型为基础，形成了针对不同用途、不同层次的AspenTech家族软件产品，并为这些软件提供一致的物性支持。如：

Polymers Plus：在Aspen Plus基础上专门为模拟高分子聚合过程而开发的层次产品，已成功地用于聚烯烃、聚酯等过程。

Aspen Dynamics：在使用Aspen Plus计算稳态过程的基础上，转入此软件可继续计算动态过程。

Aspen HX-MET：Aspen Plus可以为夹点技术软件直接提供其所需要的各流段的热焓、温度和压力等参数。

B-JAC/HTFS：换热器详细设计（包括机械计算）的软件包，Aspen Plus可以在流程模拟工艺计算之后直接无缝集成，转入设备设计计算。

Aspen Zyqad：工程设计工作流集成平台，可以供多种用户环境下将概念设计、初步设计、工程设计直到设备采购、工厂操作全过程生命周期的各项工作数据、报表及知识进行集成共享。Aspen Plus有接口可与之自动集成。

Online模拟：在线工具，将Aspen Plus离线模型与DCS或装置数据库管理系统联结，用实际装置的数据，自动校核模型，并利用模型的计算结果指导生产。

3.可以将序贯模块法（Sequential-modular，SM）和联立方程法（Equcation Oriented，EO）两种算法同时包含在一个模拟工具中

序贯模块法提供了流程收敛计算的初值，采用联立方程法，大大提高了大型流程计算的收敛速度。同时，让以往收敛困难的流程计算成为可能，节省了工程师计算的时间。

4.结构完整，除组分、物性、状态方程之外，还包含以下单元操作模块

（1）对于气/液系统，Aspen Plus应包含：通用混合、物流分流、子物流分流和组分分割模块。

（2）闪蒸模块：两相、三相和四相。

（3）通用加热器、单一的换热器、严格的管壳式换热器、多股物流的热交换器。

（4）液液单级倾析器。基于收率的、化学计量系数和平衡反应器。

（5）连续搅拌釜、柱塞流、间歇及排放间歇反应器。

（6）单级和多级压缩和透平。

（7）物流放大、拷贝、选择和传递模块。

（8）压力释放计算。

（9）精馏模型、简捷精馏、严格多级精馏。

（10）多塔模型、石油炼制分馏塔、板式塔、散堆和规整填料塔的设计和校核。

（11）对于固体系统，Aspen Plus 应包含：文丘里涤气器、静电除尘器、纤维过滤器、筛选器、旋风分离器、水力旋风分离器、离心过滤器、转鼓过滤器、固体洗涤器、逆流倾析器、连续结晶器等。

（二）功能

Aspen Plus 是一套非常完整的产品，特别对整个工厂、企业工程流程的实践、优化及自动化有着非常重要的促进作用。自动地把流程模型与工程知识数据库、投资分析、产品优化和其他许多商业流程结合了起来。其中包括数据、物性、单元操作模型、内置缺省值、报告，以及为满足其他特殊工业应用所开发的功能。比如像电解质模拟，Aspen Plus 主要的功能如下：

（1）Windows 交互性界面：界面包括工艺流程图形视图，输入数据浏览视图，独特的专家向导系统，来引导用户进行完整的、一致的流程的定义。

（2）图形向导：帮助用户很容易地把模拟结果创建成图形显示。

（3）EO 模型：方程模型有着先进参数管理和整个模拟的灵敏分析或者是模拟特定部分的分析。序贯模块法和面向方程的解决技术允许用户模拟多嵌套流程。即使很小问题也能很快地、精确地解决，比如像塔的 divided sump simulation（分段式模拟）。

（4）ActiveX（OLE Automation、对象连接与嵌入自动化）控件：可以和微软 Excel 和 Visual Basic（编程语言）方便地连接，支持 OLE（对象链接与嵌入）功能，比如像复制、粘贴或链接。

（5）全面的单元操作：包括气/液，气/液/液，固体系统和用户模型。

（6）热力学物性：物性模型和数据是得到精确可靠的模拟结果的关键。Aspen Plus使用广泛的、已经验证了的物性模型,数据和Aspen Properties(性能)中可用估算方法,它涵盖了非常广泛的范围——从简单的理想物性流程到非常复杂的非理想混合物和电解质流程。内置数据库包含有8500种组分物性数据,包括有机物、无机物、水合物和盐类;还有4000种二元混合物的37000组二元交互数据,二元交互数据来自Dortmund数据库,并获得DECHEMA授权。

(7)收敛分析:自动分析和建议优化的撕裂物流、流程收敛方法和计算顺序,即使是巨大的具有多个物流和信息循环的流程,收敛分析也非常方便。

(8)Calculator Models计算模式:包含ad-hoc计算与内嵌的FORTRAN和Excel模型接口。

(9)灵敏度分析:Aspen Plus可以非常方便地用表格和图形表示工艺参数随设备规定和操作条件的变化而变化。

(10)案例研究:用不同的输入进行多个模拟的比较和分析。

(11)Design Specification设计模式:自动计算操作条件或设备参数,以满足指定的性能目标。

(12)数据拟合:将工艺模型与真实的装置数据进行拟合,确保装置模型的精确性和有效性。

(13)优化功能:确定装置操作条件,最大化优化规定的目标,如收率、能耗、物流纯度和工艺经济条件。

(14)开放的环境:可以很容易地和内部产品互相整合,如Excel,FORTRAN或者Aspen Custom Modeler(用于创建模型),Aspen Plus支持多个工业标准,比如CAPE-OPEN和IK-CAPE。

第三节　人员车辆智能定位平台

一、人员定位系统

主界面大屏通过丰富的图形化及三维可视化,实现对于企业内部人员、外来人员、车辆在厂区全覆盖式的实时定位展示、实时报警事件、厂区人员分布热力图、风险分区、报警数据统计等一张图集成;保障人员安全,规避生产隐患,全面保障企业安全生产。

（一）总计架构设计

在定位区域内，于一个或若干个已知点上设置GPS接收机作为差分基站，连续跟踪观测视野内所有可见的GPS卫星伪距。经与已知距离比对，求出伪距修正值（称为差分修正参数），通过数据传输线路，按一定格式播发。测区内的所有待定点GPS定位终端，除跟踪观测GPS卫星伪距外，同时还接收差分基站发来的伪距修正值，对相应的GPS卫星伪距进行修正。然后，用修正后的伪距进行定位。

当外访人员或车辆进厂时，需通过身份证在门卫处换取定位标签，门卫可通过网页端访问人员定位系统，搭配发卡器，可便捷收发定位标签。根据不同的人员类型，如装卸车司机、施工人员、外访人员等，可发放不同权限的定位标签。当人员或车辆进入非权限区域时，定位标签即进行蜂鸣振动报警，同时在后台进行报警弹窗，并支持联动音响做报警提醒。如周围有摄像头，还会同步调取视频图像弹窗，辅助操作员做综合研判。

当人员携带标签进入车间或装置区内部时，标签自动选择蓝牙信标进行定位，数据通过运营商4G网络回传到后端解算引擎。

人员携带标签进入室外区域时，标签自动选择北斗/GNSS进行定位，数据可通过运营商4G网络回传至后端解算引擎（厂区可使用运营商专网方式保证数据的保密传输）。

当外访人员或车辆出厂时，需通过定位标签换取身份证，门卫可通过定位系统复核该人员在厂区内的历史活动轨迹，核查是否去过限制区域或涉密区域，复核完成后，即归还身份证放行，如存在异常报警，可上报领导进行处理。

坐标数据支持通过API接口实时转化为GIS经纬度，再输出给第三方平台。同时，本方案支持在防爆手机上通过运行App的方式进行定位。

（二）系统总体功能

本系统主要包括用户层、应用层、业务层、数据资源层及基础平台层构成，具体见架构图所示。平台将紧紧围绕企业安全生产标准化来创建，建成企业内部用户资源共享、互联互通的安全管理信息化平台，实现对安全生产基础信息规范完整、动态信息随时调取，使事故规律科学可循，全面提升企业安全管理信息化效能，平台图见下图。

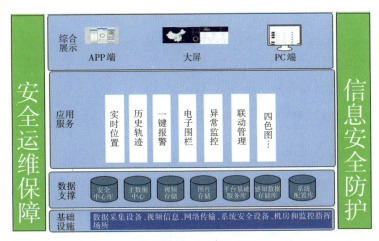

人员定位系统功能

主要功能模块包括：地图引擎、人员实时位置跟踪、历史轨迹回放、报警管理、电子围栏、监控视频联动、人员电子巡检、门禁闸机一卡通、区域管理、风险分区管理、疏散演练管理、设备故障自检及卡片低电报警、数据可视化展示、数据接口等模块。

1. GIS数据展示及分析

主界面大屏通过丰富的图形化及三维可视化效果，实现对于企业内部人员、外来人员、车辆在厂区内的全覆盖式展示，展示内容效果包括实时定位、实时报警事件、厂区人员分布热力图、风险分区、报警数据统计等。全场数据一张图集成的全面可视化展示，不仅全面保障企业安全生产，还为安保人员提供直观展示，为领导或者来访参观者展现良好的企业形象。

2. 人员实时位置跟踪

利用定位技术，实时监控生产区域内员工、承包商、访客、车辆的实时位置，并在地图上显示。支持人员姓名、卡号查询。掌握员工在岗在位情况、访客的位置，判断承包商与监护员的到位情况。系统界面支持3D地图，支持缩放、分层等查看方式；分车间、分楼层、以不同形式或颜色展示外来施工人员和厂区工作人员。

3. 历史轨迹回放

可查看某个人员或车辆在某个时间段内的活动轨迹。可根据项目情况设置数据存放期限，系统默认保存三个月轨迹数据。

4.数据统计

人员统计：支持人员类型人数统计、部门人数统计、日统计、周统计、月统计等；

报警统计：支持报警类型统计、区域报警统计等，可报表导出；

车辆统计：支持车辆统计、车辆报警类型统计。

5.报警管理

本系统配置的人员定位卡具备SOS一键呼救功能，人员遇险时，可自主通过按压定位卡上SOS键发出求救报警，通知管理人员介入，及时赶赴现场营救。对人员车辆越界、人员离岗、串岗、区域超员、缺员、超时等启动报警，具备在线人数自动统计和超时报警等功能，提示相关人员迅速查明现场情况，提前做出处理。

6.电子围栏

企业可根据生产情况自由设置报警类型，例如串岗、滞留、超员、缺员、闯入、静置超时等报警类型。企业可以设定生效时间和范围，在系统内厂区电子地图上可快速完成电子围栏圈定。

7.人员管理

系统应具备组织机构人员管理的功能，可以录入、删改、删除人员基本信息，包括姓名、工号、单位、职务、工种、人脸等，以及车辆信息，包括车牌号、车型、驾驶员，押运员等。系统可提供人员证书、权限管理、人员活动范围管理、访客管理、外协人员管理功能。

8.承包商管理

承包商管理包含公司信息、人员信息、公司资质、人员资质等，由纸质转化为电子形式，规范和程序化各项功能，确保记录保存；支持批量导入和导出。

9.监控视频联动

系统接口支持主流视频品牌，系统接收到厂区报警后，可直接查看报警位置附近的监控信息，及时掌控事发地点状况，做出下一步工作批示；也可在实时定位界面直接点击查看监控视频信息。

10.人员电子巡检

（1）巡检点的设置

电子巡检系统要能够自定义配置不同的巡检参数，如温度、压力、油管路有无跑冒滴漏等；系统要能够对设备中关键参数进行正常值范围的设定，超正常值时,后台要能够自动将报警信息实时推送给相关责任人。

（2）巡检系统要求

每个巡检人员的账号是唯一的,巡检人员按照巡检计划,现场扫描对应巡检点上的NFC标签,以避免巡检人员不在现场进行巡检任务的操作;

扫描NFC卡后,系统会自动识别该对应的NFC巡检点信息,然后巡检人员手工录入该巡检点的参数(如温度、压力、油管路有无漏点等);

数据提交后,如现场实际观测值超过预设正常值时,后台自动报警,并同时通过手持终端报警至相关部门和企业相关负责人,电子巡检提供巡检的平均用时、漏检、巡检轨迹等实时查询、统计功能,方便企业管理。

巡检在上传数据时,需要现场拍照,且上传图片要求现场及时拍照,不能在终端相片库内选择,如现场不拍照,本巡检点任务不能提交,视为巡检任务没有完成(现场拍照是为了确保巡检数据上传的真实性)。

11.门禁闸机一卡通

本系统所采用的定位卡具备IC卡读写功能,可集成企业原有门禁卡,实现"定位、门禁"合一。

12.区域管理

系统通过在地图上划分的区域,实现该区域的人员分布情况以及人数的统计。

13.风险分区管理

结合GIS地图,可以自定义使用红、橙、黄、蓝四种颜色,在地图上画出风险区域。

总体架构设计与系统总体功能内容图片请扫描以下二维码查看。

二、巡点检系统

（一）巡点检系统概述

巡点检系统,主要用于日常运营的振动、温度、转速、跑冒滴漏及日常抄表项进行监测,通过传感器及手持终端手机收集设备状态信息,汇总至上位机系统进行统计、分析、诊断,可优化缺陷处理流程,并有效解决设备点检工作中存在的问题。

管理人员根据风险分析单元划分、隐患排查清单、岗位安全风险责任制清单等，分角色制定巡检任务、规划巡检路线。巡检人员利用PDA按规定时间、规定位置、规定要求完成数据采集并将信息传输至管理后台，从而实现内外操人员、管理人员共享巡检数据。并且设有专人对智能巡检系统进行管理，确保及时处置巡检过程中的预警信息和隐患情况，实现闭环管理。智能巡检系统建设应与双重预防机制系统互联互通。

基于当前的设备点检现状，在现有设备管理制度基础上，进一步推行有效落地手段，形成完整、高效、智能化的设备点检体系，包括设备状态智能监测、诊断系统和运维管控。前者根据实时采集设备状态数据，利用算法模型及时作出预警和状态诊断，将结果推送至相关设备管理人员，提交给设备责任者进行处理。

项目总体目标是在原料车间、溶出车间、蒸发车间、沉降车间、分解车间、焙烧车间、压滤车间、电气车间、计控车间等建立智能巡检系统。通过新增检测装置，实现设备温度、位移、振动等状态信号的采集，并汇总至软件系统进行统计分析，然后进行设备状态的评估，对设备保养维修起到指导作用。这样可以有效解决设备管理中存在的问题，从而使设备维修基础工作落到实处，为设备管理水平的提升打基础。主要目标如下：

1. 及时发现设备故障并找到故障原因，为检修方提供设备检修指导，缩短检修时间，减少检修成本。

2. 认清设备状态，掌握设备状态变化趋势。实现设备关键部位的故障可预判，从而促进达到预知维修的目标。

3. 提高设备稳定性，缩短检修时间，降低事故突发概率。

4. 提高设备管理人员的故障判断能力，更好地覆盖厂区设备的管理需求。

5. 逐步降低设备管理和检修工作的多变性、标准不确定性，最终减轻设备管理人员和检修人员的负担。

6. 系统常规机械故障监测诊断率为90%以上，可极大地避免因故障引起的意外停机。

7. 优化和提高设备利用率，提高设备生产能力，降低运作成本，提高设备的能效利用率，推动环境友好发展，并最终提高投资回报率（ROI）。

8. 实现最佳设备维修策略，优化设备利用和提高生产力、减少维护成本、提高安全性，进一步提高生产能力和设备效率。

（二）巡点检系统架构

巡点检系统，主要由手持智能终端(工业防爆手机)、手持无线传感器(测温、测振、测转速)、移动端App和点检卡等共同组成，实现智能企业的设备巡检工作的定点、定人、定标准、定周期、定区域、定路线、定方法、定考核全过程的信息化与智能化。同时实现重要设备振动状态监测、智能故障诊断、自动预判隐患，建立基于设备多特征参数健康状态评价模型，以便提高企业关键设备管理智能化程度，加强关键核心设备维护能力，实现动设备预测维修，防止非计划停机。

（三）智能点巡检系统

系统采用B/S架构，数据服务布置在厂内办公网内，在办公网上的任意计算机经过授权后，均能查看不同权限管理内的巡检管理数据及设备状态数据。既可以在局域网内访问，也可以通过公网IP发布到互联网，可以通过互联网随时随地访问。支持日常巡检、特殊巡检、临时巡检，且巡检结果均可上传至服务器保存并展示，且未经上传的数据可以在终端上直接进行查询。巡检数据上传既可以在固定上传点上传，也可以在巡检时实时上传，且数据上传成功后，既要在服务器进行保存，在客户端进行展示，也要能根据异常信息的数据类型、异常等级、单位时间内的异常概率，通过微信及短信的方式推送给设置好的微信及短信账户。数据上传可通过无线、数据线、4G数据流量的方式在WiFi站点、路由器、AP等端口直接传输至服务器，无需经过客户端传输工具操作传输。巡检过程中可以在任何一个巡检项下进行多张拍照、多段录音的操作，采集的照片、音频保存到该巡检项下。对所有上传的数据进行筛查，系统自动识别失效(由外因造成的失准数据)、无效(数据大幅度偏离正常范围)的数据，并将其自动迁移至异常信息。系统可以提前设置观察项(单选、多选均支持)，减少现场录入结果，提高巡检效率。系统要对设备的运行情况、异常情况进行初步的统计，并形成统计图表(柱状图、饼状图等)。系统可以对设备、巡检项、巡检员进行耗时统计，便于领导层更全面、快速的考核设备运行状况和人员点检状况，并优化巡检任

智能点巡检系统主要功能界面请扫描以下二维码查看。

务及工作量的分配。系统不仅要对每个轮次漏检的设备进行统计,还要对整个轮次的缺勤进行考核、统计。针对临时巡检数据建立单独的查询模块,可以查询所有的临检数据。针对异常信息,要进行消缺管理或工单管理。

(四)专用点巡检App

手持智能终端和设备专用点巡检App配套使用,具备无线连接智能传感器、下载选择巡检路线、查看巡检信息、识别电子标签信息、测量自动报警、测振(查看频谱)、测温、测转速、可抄表录入、选项录入、拍照、录音,以及可以不按照计划随时巡检、巡检结果可自动或手动上传等功能。

智能终端

1.点检卡

点检卡其目的在于到位管理,巡检人员必须到现场用手持机终端进行扫卡才能进行巡检任务执行。

2.无线蓝牙传感器

人体工程学设计:符合人体工程学设计,方便现场手握测量,传感器直径最大部分不超过4.0cm,便于手握不易滑落。

操作无按键简洁设计:安卓系统一键操作,检测数据自动采集,单手即可完成操作。

支持在线点检:无线传感器固定安装,手持机自动搜索接收数据,检测抄表一网打尽,点检简洁高效轻松。

充电方式:采用吸附式充电,防止插拔故障并提高密闭等级。

多功能指示灯:颜色(红、黄、绿)判断传感器运行状态;闪烁(闪烁频率)判断数据采集状态。

多功能数据采集：具备测振、测转速、测温等多种功能，顶端集成红外温度传感器、激光转速传感器，底端采用磁吸式环形剪切振动加速度传感器。

维护方便：无接插件，减少故障率。

3.巡检工作流程

点检卡与天线蓝牙传感器图片请扫描以下二维码查看。

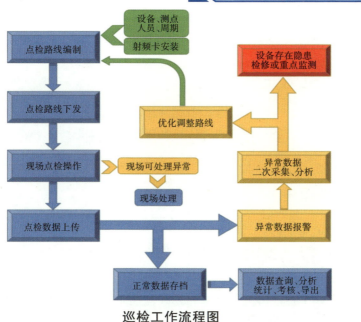

巡检工作流程图

异常数据报警：分析设备的报警信息，查找导致设备报警的原因，根据分析结果制订设备报警的处理方式。

4.系统功能实现

（1）点检路线编制。按照定点、定人、定周期、定方法、定标准值、定量、定作业流程、定点检规范的要求编制点检标准，该标准是开展现场点检工作的依据。

（2）射频卡安装。点检射频卡类似于点检签到表，它需要粘贴在设备现场。它有两个作用，一是记录点检员是否到位，二是在点检仪上检索出在该区域需要点检的设备及内容。

（3）点检计划下发。将点检计划从电脑上下载至手持点检仪，以便点检员根据点检仪的指示在现场开展设备点检。需要注意的是，如果点检计划不做修改，该下载点检计划的动作只需做一次即可。

（4）现场点检操作。根据点检仪的指示，点检员在设备现场开展点检工作。点检仪上会显示在该区域需要点检的设备、部位、内容、判断标准等信息，点检员只需根据要求查看相应部位或采集数据即可。

（5）点检数据上传。点检员在现场记录的数据会统一保存在点检仪上，返回办公室后只需通过通信机座直接上传到电脑上即可，该过程一般只需要1分钟。

（6）正常数据存档。数据查询、分析、统计、考核、导出。对从点检仪上传到电脑的点检结果进行趋势分析、振动分析、统计分析等操作，以便寻找和发现设备存在的潜在故障。

第四节　智能视频分析平台

一、系统概述

针对炼化企业生产区、公共区的不同监控需求，设计满足生产区安全管理的工业视频监控，满足自然监控的无死角覆盖，做到生产和日常安防的24小时全方位、高清化监控。

利用视觉人工智能等先进技术与视频监控系统进行深入融合，实现"主动预警、智能决策、自动巡检、智能管控"可视化智能管理。助力提高设备感知能力、缺陷发现能力、状态管控能力、主动预警能力和应急处置能力。

二、系统架构

化工炼化企业场景可分为公共区域视频监控、生产区的工业电视系统及热成像火点、测温的设备应用。公共区域包括日常办公大楼、出入口、外围周界、主要道路等；工业电视系统主要场景包括装置区、罐区、危化品仓库、装配区等；热成像系列应用室内防火、室外防火、装置测温等场景应用。

电视监控系统综合管控平台架构

厂区视频监控系统架构图、智能视频分析部署架构图、智能视频分析技术架构图请扫描以下二维码查看。

三、详细设计

（一）普通公共区域监控

化工炼化企业作为高危企业，应通过人防、技防实现封闭式管理。对于企业的公共区域，如大门出入口、企业自然道路、主要办公楼，应通过视频监控实现24小时监控，实现日常安保管理及布防。

（二）工业电视

在化工炼化企业工业电视系统中，部分生产部门在生产、加工、运输和贮存等各个过程中，可能经常泄漏或逸散出易燃易爆气体。这类物质与空气混合后，可能成为具有爆炸危险性的混合物，当混合物的浓度达到爆炸浓度范围时，一旦出现火源即会引起爆炸和火灾等严重事故。在这类危险环境中使用的电气设备都必须是经过专业机构认证的具有防爆性能的产品。

炼化生产环境易存在腐蚀性气体，在设备选型中需考虑设备防腐蚀设计。

普通监控摄像机非防爆，且摄像机电路易短路，致使明火，因此不允许在此环境使用。并且根据摄像机防爆级别不同，应严格依据等级配备，禁止低级别应用于高端场合。

针对炼化企业生产区防爆要求，防爆产品满足所有防爆等级中最高等级 Ex d Ⅱ C T6 Gb/DIP A20 TA, T6。

装置区作为日常监控重点，监控对象多，需安装支持轮巡的防爆球机或云台摄像机，以实现装置区内设备的全面监控，保证设备正常运行。部分夜间照明不足的区域，设备应支持星光级低照度或红外补光。

针对重点风险位置，应采用防爆一体化筒机实现24小时监控。

装置区内部的站房、小室等需内部监控的区域，可通过防爆半球来监控。半球型防爆设备，支持吸顶式安装，安装便捷，并且半球焦距较小，可实现小场景的合理监控。

危化品仓库、重点设备需夜间高清监控时，夜间红外补光无法满足夜视高清，应选择支持白光补光的防爆筒机，满足夜间全彩监控，对重点部位实现24小时全高清监控。

对于重点装置区需要防范外来入侵、主要装置区通道人脸识别、车辆识别时，可采用支持深度智能功能的智能防爆摄像机，满足人脸识别、入侵检测、越线检测、车辆结构化识别等智能功能，对异常事件可进行智能分析，实时告警。

（三）全景监控

对于化工炼化生产厂区的设备区、物资调度区，需进行全景大视角监控，实时观察设备动态管理，并对设备区的相关细节进行放大抓拍。既可覆盖全景，又可捕捉细节。同时，很好地解决了传统监控方案成本高、系统复杂、安装调试繁琐的问题。全景摄像机采用一体化设计，内置多个水平全景摄像机以及一个特写跟踪球机,集成度高,一台全景摄像机即可兼顾全景与细节。前置拼接,后端无需视频拼接服务器,拼接调试简单,相比传统监控方案来说,整体系统大大简化。

全景监控图

(四) 智能视频分析

在现场装置的机柜中间分别对应部署视觉AI设备,其主要负责把现场视频图像通过视觉AI模型进行智能计算识别分析,并产生监测告警分析数据传输到园区控制室的视觉AI不安全行为分析装置上。然后,将产生的监测告警分析数据直接传输到综合安防管理平台或园区的综合集成平台。

(五) 两级存储

1.NVR存储

存储部分采用NVR的存储模式,IPC不与平台直接对接,而是先接入NVR,再通过NVR接入平台。IPC与NVR之间实现了直接对接,而直接对接模式一般采用底层协议而非SDK方式,这样更有利于提高接入效率。NVR直接获取IPC的音视频直接存在本机上,实现视频直存。

2.磁盘阵列存储

采用集中式存储方案,物理介质集中布放,更方便管理,数据更可靠、更安全,更容易实现数据的大规模共享和应用。

(六) 解码部分

解码设备可插入各类输出接口类型的增强型解码板,进行上墙显示,并可进行拼接、开窗、漫游等各类功能;也可插入各类信号输入板,可将电脑信号输入并切换上墙。除此之外,解码设备也可接入模拟、数字(HD-SDI)或光信号的信源。

解码设备可将平台软件模块以X86板插入的形式全部部署在视频综合平台内，无需购置各类服务器。平台各模块借助综合平台高性能的双交换总线技术，可高效平稳地运行，无需考虑原先网络压力问题。

解码设备支持网络编码视频输入、VGA信号输入，支持DVI/HDMI/VGA接口输出，可进行实时视频、历史录像回放

组合大屏具体功能内容请扫描以下二维码查看。

视频解码上墙和报警联动上墙，并支持动态解码上墙云台控制功能；支持画面分割、开窗、漫游等拼控功能，还集成了视频输入、输出，视频编码、解码，大屏拼接控制，视频开窗、漫游等其他功能。

四、系统功能

（一）视频监控功能实现

1.图像实时预览

通过C/S客户端和WEB浏览器，可以实现单画面或多画面显示实时视频图像；支持不同画面的显示方式：1、4、6、9、16画面等方式；能够实现对前端云台镜头的全功能远程控制；具备图像自动轮巡功能，可以用事先设定的触发序列和时间间隔对监控图像进行轮流显示等。

2.录像下载与回放

支持录像的批量下载；支持多种备份方式，选择本地备份则保存在本地文件，选择刻盘备份则保存在刻录的光盘里，选择FTP上传备份则会上传到指定FTP服务器的指定目录里；备份速度与同时开启备份通道数可以根据用户不同的需求自主配置；支持动态加载刻录机。

支持单画面、4画面、单进、单退、快进（1/2/4/8倍数）、剪辑、抓帧、下载等；在回放的过程中可以支持图像的电子放大功能，支持常规回放、分段回放、事件回放、即时回放等多种回放方式，支持录像回放电子放大，可以对指定区域的图像画面进行放大，放大到整个窗口，支持单通道剪辑和多通道一键剪辑，并将剪辑文件保存在本地。

3.解码拼控显示

支持网络取流方式的解码输出，支持解码200万像素/130万像素/标清的网络视频，支持DVI/HDMI/VGA高清接口输出，支持1、4、9、16画面分割显示。支持大屏拼接，最大支持16块屏拼接成一整幅大画面，支持视频缩放、开窗、漫游功能，支持窗口透明度设置。

通过大屏客户端将指定的视频通道投放到指定监视器/大屏，可以实现图像上墙、回放上墙、报警联动上墙、常规轮巡、计划轮巡、预案轮巡等功能。此外，电脑高清显示信号可以通过视频综合管理一体机的VGA接口实现实时上墙显示。

4.视频质量诊断

系统可提供视频质量诊断功能，通过对前端设备传回的码流进行图像质量评估，对视频图像中存在的质量问题进行智能分析、判断和预警。能在短时间内对大量的前端设备进行检测，检测内容包括多种视频故障等，如清晰度异常、亮度异常、偏色、噪声干扰、画面冻结以及信号丢失等；同时支持模拟和数字视频接入，对于第三方私有码流，需要提供其SDK。

5.语音对讲

语音对讲功能包括用户与用户的语音对讲功能，用户与设备的对讲广播功能，可实现监控中心之间的语音对讲，实现监控中心和前端单一设备或多台设备进行语音对讲或语音广播。

6.报警接收

接收到报警后，可以自动联动预先定义的关联监控点视频在客户端与大屏上显示；当同时收到多个报警信息时，能够按照警情级别优先显示，同级别报警排队显示，值班人员可以输入处警信息、警情确认人信息并保存；所有报警信息自动保存到数据库，可以统计、查询和打印，可以通过报警事件来检索录像资料。

7.日志查询

日志查询功能包括配置日志、操作日志、报警日志、设备日志以及工作记录查询等，可以对各业务在统一界面进行查询统计。

8.设备资源管理

组织机构的管理，包括组织机构的添加、删除、修改，为本组织的通道分组，根据本组织的所有通道的不同监控职能，进行分组管理。为保证所添加的服务器已经正确安装，可以在程序中查看服务器的运行状态，以确保设备的正常运行。

9.用户管理及权限管理

(1)用户管理。管理系统所有用户的添加删除、权限分配等操作,具体分为用户、部门、角色管理。可详细登记用户信息:用户名、所属机构、用户级别、联系电话、手机、邮箱等。

(2)权限管理。用户权限配置分为三部分:用户、部门、角色,不同用户可以设置所属部门和隶属角色,进行相关操作时根据优先级提供优先级高的用户优先使用权利,用户权限可以进行授权、转移和取消。

10.报警接收与联动管理

报警管理分为设备掉线报警、服务器异常报警、监控点报警和报警器报警。监控点报警分为监控点的视频类报警,包括移动侦测、视频丢失、遮挡报警等。

11.录像配置与管理

录像管理用来管理录像的存储,包括对前端设备的录像计划配置,集中存储的录像计划配置。

(二)视频分析功能实现

1.人员身份和资质的识别与认证

人员身份和资质的识别与认证,用以确定人员是否有资格进入园区或重点监控区域及划定其活动区域的依据,提前采集并录入园区合规人员的正脸照片。当人员进出园区门口或者重要区域时,通过可见光摄像机+人脸识别模型的智能视频分析技术,并结合在后端的服务平台上配置的人脸库和人员资质管理库的相关信息,就可以实现对人员身份和资质的识别与认证。

若检测到非园区人员,则发出"重要区域,非园区人员请勿进入"的语音提醒,并将检测结果和现场情况进行抓图,自动上传至上级管理用户进行结果复核。

2.人数统计

在园区的重要区域,如重大危险源、危化品区和财务室等,需要能够实时监测进出区域的人数,识别进入几人,出去几人,这样当发生安全事故时能及时了解进出人数。采用基于物体检测模型,并结合具体场景的智能视频分析技术,可有效识别画面中进出区域的人数,并能实时在视频画面上标注出出入人数,并将检测结果和现场情况进行抓图,自动上传至上级管理用户进行统计。

3.区域入侵检测

通过后台在视频画面中设置检测区域,视觉AI智能检测技术对非法闯入人员、动物、车辆进行识别和预警。

（1）警戒线

在摄像头图像围墙边界设置警戒面，当人员穿越警戒面时触发告警。

（2）警戒区域

在摄像头图像地面区域范围设置警戒面，当人员穿越警戒区域时触发告警。

4. 脱岗睡岗

采用基于物体检测和人脸识别模型并结合具体场景的智能视频分析技术，可实时监控调度室人员离岗空岗的情况。若检测到有离岗空岗情况，则发出"上班期间不允许随便离岗，请尽快到岗"的语音提醒，并将检测结果和现场情况进行抓图，自动上传至上级管理用户进行结果复核。

5. 车辆识别

在园区和重大监控区域，需要能够识别进出车辆的车牌、车型和数量的统计功能，这样能及时了解进出监控区域车辆的情况，有什么型号的车、有多少辆和是否存在非法进出的异常情况等。采用基于物体检测+图像比对和OCR图像文字识别模型，并结合具体车辆进出监控区域场景的智能视频分析技术，可有效识别画面中车辆的车牌、车型和数量，并能实时在视频画面上标注出出入数量，并将检测结果和现场情况进行抓图，自动上传至上级管理用户进行统计。

6. 液体泄漏检测

通过部署的可见光或红外摄像机，检测管线现场内出现的液体渗漏的安全隐患。当可见光摄像机把拍摄的视频信息传到视觉AI模型上，则采用基于目标检测+图像比对+单分类模型，并结合具体场景的智能视频分析技术，对画面中出现的姿势和状态进行AI分析来判断有无跑冒滴漏的异常现状。有则产生报警信息，并回传到后台，通知相关人员。

而红外摄像机把拍摄的视频信息进行红外光检测处理后，把处理结果传到视觉AI模型上，采用基于图像比对模型，并结合具体场景的智能视频分析技术，对画面进行AI分析来判断有无跑冒滴漏的异常现状。有则产生报警信息，并回传到后台，通知相关人员。

7. 气体泄漏检测

通过部署的红外摄像机，把拍摄的视频信息进行红外光检测处理后，把处理结果传到视觉AI模型上，采用基于目标检测+图像比对模型，并结合具体场景的智能视频分析技术,将泄露气体可视化,通过AI识别技术快速锁定泄露位置,对画面进行AI分析来判断有无气体泄漏的异常现状。有则产生报警信息,并回传到后台,通知相关人员。

8.明火、烟雾检测

通过部署的可见光或红外摄像机,来监测管线区域内出现的明火、烟雾等险情。当可见光摄像机把拍摄的视频信息传到视觉AI模型上,可采用基于检测+分类(混合)模型,并结合具体场景的智能视频分析技术,对画面中出现的姿势和状态进行AI分析来判断有无明火、烟雾的异常安全情况。有则产生报警信息,并回传到后台,通知相关人员。

人员入侵检测、区域内人员数量统计、特色区域内人员进入检测、劳动纪律检测、液体泄漏检测、气体泄漏检测效果、明火烟雾检测效果图片请扫描以下二维码查看。

而红外摄像机把拍摄的视频信息进行红外光检测处理后,把处理结果传到视觉AI模型上,应用视觉AI分析技术,当发现设备温度有异常时会产生报警信息。

第五节　智能通信融合平台

一、系统概述

根据数字化转型现状,为了满足不同部门业务需求以及日常和战时不同应用场景通信联络需求,已陆续建设种类多样的音视频通信系统,但各种不同类型的通信系统之间各自独立,存在通信壁垒,无法实现系统之间音视频互通。在处置突发事件时,会出现需要进行多部门同时沟通协调的情况,因此涉及多种通信系统,比如视频会议系统、视频监控系统、无线对讲系统、手机、固话等多种,可能会出现资源整合困难,指挥中心无法对各类音视频资源进行统一调度的情况。

业务系统和基础通信系统各自部门独立规划建设,导致出现基础通信系统和业务系统割裂现象。业务指挥系统和通信沟通系统无法在一个平台上完成,导致业务系统无法对音视频资源进行一键调度,大大降低了指挥中心业务指挥系统的应用效果。

调度指挥及安防融合通信平台建设是以融合通信平台为基础,以应急指挥管理为主线,融合安防监控系统、火警联动报警系统、集群对讲系统、扩声系统、调度电话系统和行政电话系统,实现通信融合和信息共享,可提高应急调度指挥的协同作战能力和应急管理效率。融合通信平台可以打通各独立的通信系统,提高各系统的使用效率。降低现场操作人员负担,实现一套设备可以应对多种场景。

二、系统建设目标

为了满足指挥中心日常工作通信联络、对音视频资源统一调度以及对跨部门人员统一指挥的需求,需规划建设集通信、调度、指挥于一体的综合指挥调度系统。通过系统建设,对指挥中心各类独立的音视频系统进行统一接入管理和融合交换,可实现通信联络、信息交互、资源共享。系统可提供丰富的指挥调度模块,满足指挥人员不同时间、不同场景的指挥调度需求。同时系统既可以作为指挥调度平台独立使用,也可以将功能封装等标准的接口,作为指挥中心业务平台的底层支撑平台。

目前已经建设了丰富的通信手段,如数字会议系统、公网电话系统、无线对讲系统、视频会议系统、视频监控系统等,但是还缺少一个能将各类通信系统整合的平台。该平台核心需要解决与各类通信系统对接以及融合问题,并对整合到一个平台的音频、视频、数据等资源进行一键指挥调度,能提供调度手段,因此需要建设综合指挥调度系统。通过综合指挥调度系统建设整合各类音频、视频、数据等资源,指挥调度人员通过一个系统、一个操作台即可实现对所有资源一键调度,辅助指挥调度人员轻松实现跨系统、跨部门、跨区域的统一指挥。

系统可以提供丰富的指挥调度手段,满足指挥中心不同时期、不同场景的指挥调度需求,帮助指挥中心实现信息高度汇聚、系统高度融合、通信高度整合,不断提升指挥中心的现代化水平。同时系统既可以作为独立使用的指挥调度平台,也可作为指挥中心业务系统的底层平台,提供统一封装的指挥调度功能,解决指挥中心通信系统和指挥业务系统割裂的问题。

三、系统架构

通过系统的建设,将原本各自独立的音视频系统的音频、视频、数据整合到一个平台上,形成"通信一张网",满足指挥调度人员通过一个系统、一个操作台即可实现通信系统一键调度。系统架构分为接入层、支撑层、业务层和展现层。接入层为指挥中心建设的各类异构音视频系统;支撑层负责完成基础音视频系统的接入、融合和业务交换;业务层负责完成各种指挥调度模块的逻辑应用;展现层是指系统可以在指挥中心、值班室、移动办公等场景下使用。既能快速调用各种通信终端,也能实现应急救援行动时统一高效指挥调度。系统架构如下:

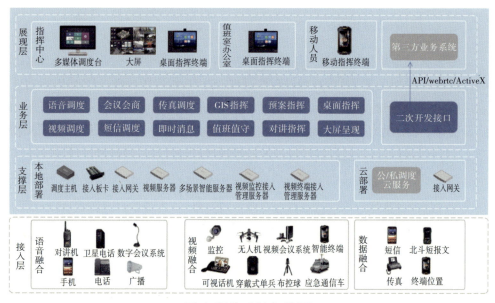

融合通信系统架构图

(一)展现层

系统可以为用户提供多种表现方式,如触摸屏调度台、指挥中心大屏、桌面指挥终端以及智能手持单兵等移动应用终端;系统同时将功能封装成二次开发接口供第三方业务系统调用。

(二)业务层

业务层包括语音调度、视频调度、会议会商、短信调度、传真调度、GIS指挥、即时消息、桌面指挥、预案指挥、值班值守、大屏呈现等指挥调度模式,完成本系统业务功能的逻辑应用。

融合通信系统拓扑原理图请扫描以下二维码查看。

(三) 支撑层

系统支持本地部署、云部署两种部署方式,基础支撑包括调度主机、各类接入板卡、各类接入网关、各类业务服务器及其他硬件设备。

(四) 接入层

接入层即可以接入的各个子系统,包括语言融合、视频融合、数据融合等子系统。

四、系统功能

(一) 系统融合能力

1.公网电话系统接入

公网电话系统中的固话、手机作为指挥调度人员最基础的通信联络手段,不管在平时和战时场景都被普遍用到,因此系统需要解决和公网电话系统对接的问题,系统可通过数字中继(采用E1接口,使用NO.7、PRI、Q-sig等协议)、SIP中继(RFC 3261及相关扩展协议)与公共交换电话网(PSTN)对接,实现系统呼叫固话、移动手机加入会场。

2.数字会议系统接入

数字会议系统作为指挥中心最常见的音频扩声系统,指挥中心参会人员通过数字会议系统的桌面麦克风进行发言,若系统与数字会议打通,在处置突发事件时,指挥调度人员可以直接通过大屏查看现场回传的视频画面。通过桌面麦克风与现场人员进行语音互通,现场人员的音频也可以通过数字会议系统的音响放出,方便指挥中心的所有人员清晰掌握现场的情况。系统可通过音频接入接口与数字会议系统对接,实现系统与数字会议系统之间的音频互通。

3.无线对讲系统接入

无线对讲系统作为常用的通信设备,具有机动灵活、操作简便、语音传递快捷、使用经济等特点。而指挥中心作为应急事件处置协调中心、音视频资源汇聚中心,需要与无线对讲实现互联互通,系统通过无线接入网关与现场的22个对讲组(需另外配置对应各个对讲组的车载台)对接,系统通过呼叫车载台实现对相应群组的互通。

4.视频监控系统接入

视频监控系统作为指挥中心最基础的视频平台,综合指挥调度系统与视频监控系统打通后,可快速查看视频监控资源,辅助指挥中心完成可视化指挥调度,因此系统需要解决与视频监控系统对接问题。系统需具备接入视频监控系统能力,通过GB28181/ONVIF协议与监控平台对接,获取监控系统监控目录与监控位置信息,实现对监控视频的查看、云台控制、历史回放等。视频格式需支持H.264、MPEG、MPEG-4等。

5.视频会议系统接入

视频会议系统作为指挥中心实现日常点名、培训、工作通知等工作必不可少的通信手段,具有视频清晰传达无延时等优势。融合通信系统作为指挥中心通信整合系统,需要解决与视频会议系统对接问题,实现双方系统的音视频互通。系统需具备接入视频会议系统能力,通过标准SIP/H.323协议或采用背靠背方式与视频会议系统对接,实现系统与视频会议系统音视频互通。

(二)融合通信系统功能

1.语音调度

语音通信通常是指挥中心最基础的联络通信手段,指挥调度人员在日常办公或在处置突发事件时往往需要涉及与各类音频系统之间互通,如数字会议系统、无线对讲系统、公网电话系统(固话、手机)等,但各类音频系统之间相互独立,存在通信壁垒,无法实现音频互通。这会导致指挥人员往往无法快速联系到个人,或者无法进行统一的指令上传下达,从而大大降低了工作效率。针对以上现状及指挥中心工作需求,需要建设语音调度功能模块,指挥调度人员通过一个系统、一个操作台即可对不同制式通信系统进行语音调度,达到快速建立联络、快速进行指挥的上传下达效果。同时为了满足指挥调度人员不同时期、不同场景的调度需求,语音调度模块需要基于通信录或者调度快捷组对人员进行快速语音调度,其中包括可提供单呼、加入会议、一号通、组呼、选呼、组呼通知、广播、点位、轮询等丰富的语音调度手段辅助指挥人员对个人或者对多人进行迅速指令下达。

2.会议会商

指挥中心在日常工作或处置突发事件时,往往需要同时联系多部门的成员,进行多方音视频会商;特别是在处置突发事件时,指挥调度人员需要快速进行多部门协商,下发现场处置任务。通过会议会商功能模块,指挥调度人员无需关注各部门协同人员的通信终端,通过通信录组织架构或者预先设立调度快捷组一键召开多方语音会议、多方视频会议以及多方音视频终端混合会议。通过会议会商功能模块可支持同时召开多个会议,指挥调度人员可以在多个会场中自由切换,对每个会场进行全场禁言、会场锁定、会场放音等会控操作。

3.视频调度

指挥中心已建设丰富的视频系统来辅助指挥人员完成直观、可视的指挥调度,比如视频监控系统、视频会议系统等。

针对各类异构的视频系统,指挥中心需要视频调度功能模块,通过视频调度功能模块实现对各类视频系统的音视频资源的统一管理以及视频画面查看,辅助指挥调度人员实现可视化指挥,并通过多种手段了解现场的情况。同时视频调度模块还需具备视频点名、视频轮询、视频呼叫、呼叫视频终端加入会场等视频调度功能。

4.录音录像

指挥中心不管是在日常工作时还是在处置突发事件时,往往都需要对处理的过程进行留痕。通过录音录像模块,对系统内发起的音视频通话、多方会议进行录音录像,方便指挥调度人员对处置过程的通话记录和会议记录进行一键查询。同时录音录像模块需要对所有录音录像文件进行统一管理,提供通过WEB方式查询、下载,可根据主叫号码/被叫号码/日期等信息进行查询,对录音录像记录进行播放、下载等操作。

5.桌面指挥

为方便各部门领导进行快速指令的下达,随时参与到突发事件的处置中,通过配备桌面指挥终端设备,通过桌面指挥终端设备实现领导指挥桌面化、便捷化、一体化,桌面指挥终端支持同步指挥中心通讯录和个人通讯录,可提供音视频通话、监控调阅、发起多方音视频会商等功能。同时为了保障领导办公室或值班室电话24h在线的需求,桌面指挥终端采用双模通话(IP网络模式和PSTN模式),可以根据网络情况自动选择拨号线路。

第六节　智能环境监测平台

一、系统概述

企业的智能环境监测平台数字化、智能化技术在生态环境保护和治理中的应用，通过数据采集、管理、价值挖掘分析，实现对海量生态环境资源的汇聚、交互共享，并对环境管理中看似相互之间毫无关联、碎片化、反映问题某个方面表面现象的信息进行关联分析，从中发现趋势、找准问题、把握规律，说清污染物排放状况，说清环境质量的现状及其变化趋势，预警各类环境潜在问题及污染事故的发生、发展，提高环境形势分析能力，严密防控生态环境风险，实现环境管理系统化、科学化、精细化、信息化管理。

本项目智能环境监测平台的主要功能如下：

在污染监测方面，实现对全厂所有污染源的在线管理，实时监测排放信息，并能提供超标报警；实现对建设项目过程的环保控制和污染预警。

在风险防控方面，贯彻环保体系建设，实现排污法律法规合规和内部信息公开，实现覆盖全部厂区的环境因素管理。

在风险预警方面，平台建立预警规则，对企业环保运行风险进行全面监控，加强污染物源头控制，建立企业环保管理全流程预警机制。并实施全方位风险监管和预警预报，提高风险快速反应能力。

二、功能概述

智能环境监测平台，旨在建立污染源与环境体系管理系统，强化环境质量的日常监督管理；实现对污染源与环境质量监测数据的可视化、地图化、智能化管理；实现对污染源、环境质量监测数据与空间地理数据的综合利用和管理；对各类环保数据进行统计、查询、分析，结合 GIS 系统，对污染源与环境质量数据进行深度挖掘和利用；通过表格、图形、文档资料等形式予以表现，准确及时地记录和掌握污染源与环境质量情况。

该平台可帮助规范企业的环保管理，避免环境污染事故的发生；实现环保管理信息化、流程化;可进行环保数据的统计分析,展示环保绩效;规范企业的危险废物管理制度,搭建环保事件和他方关注的信息上报渠道。管理系统还将整合开发建设项目管理、污染源管理、环保风险防控、合规性管理、环境体系管理、环境风险管控等各个业务,提供统一环境业务信息管理功能。

根据环境监测的业务特点,按照《危险化学品企业特殊作业安全规范》(GB 30871-2022)标准、信息技术开发标准、集成标准、数据管理标准,并依据信息技术安全标准,构建了本平台的总体架构。总体架构按照展示层、应用层、数据层、基础层四个层次进行分别构建。多层框架结构具有超强的扩展能力和便利的系统开发及维护能力,具有系统多层次应用特点。

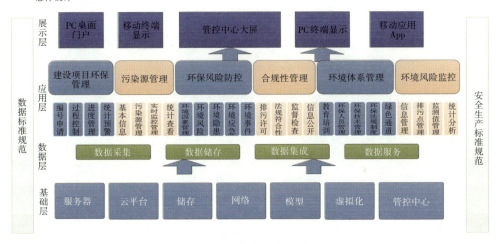

智能环境监测平台架构图

(一)展示层

包括管控中心大屏幕展示、PC桌面门户、PC终端显示、移动终端显示、移动应用App等,面向各类用户提供平台的统一入口以及信息的管理应用和信息结果的集中展示。

移动终端展示:根据不同环境使用需求,充分利用移动通信(3G/4G/5G/WiFi)、卫星通信等技术,集成北斗/GPS、EGIS(环境地理信息系统)、图像采集接入等系统,实现多终端、多数据、多业务的融合,实现移动化办公,能及时获取管控中心信息,提高办公效率。

（二）应用层

应用层是解决实际业务需求的应用实现层,包括建设项目环保管理、污染源管理、环保风险防控、合规性管理、环境体系管理、环境风险监控。

（三）数据层

本架构所说数据层,为一个逻辑的数据存储层,它为本系统运行提供了基础条件。它一方面实现了本系统相关数据的存储,包括作业活动过程所涉及视频、图片等文件存储,以及业务管理数据的存储;另一方面还包括其他相关业务系统集成数据的存储及管理,包括地理信息数据存储、音视频文件存储,而且还包括其他业务数据接口存储与管理。

（四）基础层

基础层为项目提供网络、服务器、存储以及系统软件(操作系统)支持,以分布式/虚拟化等主流云平台技术为本平台建设提供高性能、高可靠、可扩展的基础运行环境。管控中心为环保管控系统软硬件提供运行场所。

三、业务应用层详述

（一）建设项目环保管理

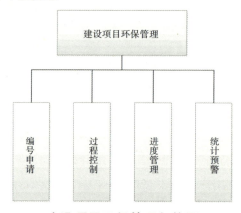

建设项目环保管理架构图

1.编号申请

项目编号按照统一的规则自动生成,根据项目不同级别逐级进行审批。审批后,同时显示审批人信息及对项目的审批意见。实现对项目编号的新增、修改、删除、查询,对项目编号申请、审批、签发、关闭的流程管理,以及对过程流转的控制与对相关信息记录的维护。

2.过程控制

建设项目环保过程控制包括科研阶段、基础设计、开工建设、竣工验收四个阶段的信息,对项目的各个阶段信息实现业务上的关联控制。

该系统以国家对建设项目环境影响评价的相关要求为依据,实现对建设项目环评审批、"三同时"检查、试生产审批以及竣工验收的全过程信息化管理。系统分为建设项目申报平台和建设项目审批平台。具体包括项目立项、项目预审、受理、限时审批办理、项目实时监控与查询、环评、审批和验收信息的管理、信息检索与统计分析、短信提醒、节假日设定等功能。

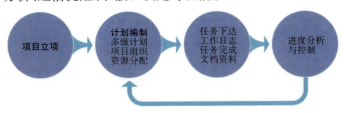

建设项目环保过程控制流程图

3.进度管理

根据建设项目情况,企业可进行建设项目环保管理月报、环境监理月报上报,实现建设项目进度管理。通过系统企业可方便填写建设项目环评申报材料,及时了解环评申报审批的办结时限和当前进度;管理人员可按照系统预先设定的办结时限及规则审批所有建设项目,并对审批结果存档和公示,这样就实现了建设项目审批的透明化、规范化、智能化管理。

进度管理架构图

4.统计预警

该功能可对项目立项基础信息和过程控制的各个阶段登记相关信息及附件进行浏览、导出,实现对于超标数据的预警监测功能,方便管理人员进行项目建设过程中的环保管控工作。项目工程进度报告、项目形象进度报告和交付成果进度报告可及时反映项目进展情况,通过与项目计划的对比,发现项目偏差,为项目的跟踪、评估、决策提供依据。

项目编号申请与统计预警页面请扫描以下二维码查看。

(二)污染源管理

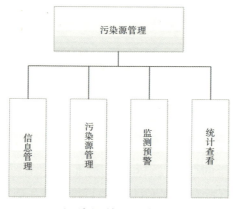

污染源管理架构图

1.信息管理

信息管理主要为环境管理服务。根据污染源信息管理运行的方式与特点,系统的功能应该满足污染源数据的采集、集成、处理、查询、统计、分析等。污染源综合管理系统的应用能够为环境部门进行污染源综合管理、环境规划、决策分析提供支持。根据上述业务需求及数据需求,明确了污染源综合管理系统应基于地理信息系统进行实现。

信息管理模块,对于各类污染源、废水排放口、排气筒、火炬信息实行统一管理,实现基础数据的一次录入,保证基础数据的唯一性。结合GIS系统实现污染源的空间展示、查询、统计、分析功能。

2.污染源管理

实现对各类污染源、排污口、排气筒等污染源分布信息的显示、查询和统计。比如可按不同的参数信息对污染源分布进行不同的分层显示,每种类别使用不同的符号标志,可按类别、地区分布等信息进行统计。对于各类污染源的数据进行汇总,并把汇总数据存入汇总数据库中,以备上级采集调用和输出报表。

实时显示所有污染源的排放监测数据,在图形化的平台上,并具备趋势记录预警及超标报警功能。该系统负责污染源监测数据的采集,及时掌控污染源的整体状况,为更好地监管提供重要支持;全面了解污染源排放情况、污染状况,为环境治理、规划提供决策参考和信息支持。

在环境监测过程中,利用GIS技术对实时采集的数据进行存储、处理、显示、分析,为环境决策提供辅助手段。自动采集、传输、存储并显示各空气环境质量指数。

3.监测预警

本系统内的环境地理信息子系统不仅要实现GIS的基本功能,更要服务于环保行业的具体业务,如污染源区域划分、排污设备管理、污染源数据显示等,可以说环境地理信息子系统是环保业务的集中体现。环境地理信息系统除了具有GIS所具有的通用功能外,作为环保业务数据最直观的表现形式,还承担着环保业务数据查询、显示的重任。同时其底层的数据库需要实现和环保业务相关元素的数据信息,主要有地形图和专题图。地形图包括居民地、街区、道路、水系、行政区划等;专题图主要是与环境保护有关的专题信息污染源分布图、监测点位分布图、环境功能区(水、气、噪声)环保专题信息。同时还有环境信息属性数据,主要包括重点污染源数据、排污监测数据、大气监测数据、烟控区数据及其他基本环境要素数据。

页面显示部分与环保产排污相关的生产参数,如全公司实时用水量、三水处理系统进水量及其主要在线监控设备数据。根据业务和管理的需要,提供实现计划量与实际量的对比分析。

将分析化验中环保相关数据纳入此平台中显示,并设置查看权限。将危废、固废转移出库(过磅)信息接入此平台,显示过磅时间、数量、车辆信息等。

4.统计查看

对于各类污染源的数据进行汇总,并把汇总数据存入汇总数据库中以备上级采集调用和输出报表。对于企业排放汇总数据(各种污染物排放量、污水排放量和治理设施运行时间)按指定的时段(年、月、周、日)进行列表和图形方式分析,列表分析将以表格方式给出上述数据,而图形方式通过使用三种图形(直方柱状图、曲线折线图、饼图)直观地给出上述数据。

信息管理、污染源管理、监测预警页面请扫描以下二维码查看。

(三) 环保风险防控

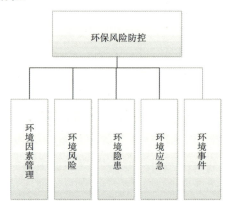

环保风险防控架构图

1.环境因素管理

环境因素管理能实现全公司环境因素的汇总识别,并通过规范识别出重大环境因素,满足企业体系管理需求,提高环境风险管理的精细化程度。对识别/评价的风险进行审核,确定出环境因素的级别,提交重要环境因素进行评审,经评审后生成重要环境因素清单。在评审过程中,列为隐患治理项目或污染治理项目的重要环境因素和隐患管理模块相关联。对于确定为重要环境因素的风险,基层单位安全员或安全工程师要对列出的风险控制措施完成情况进行监督和检查,确保风险控制措施的落实,使重要环境因素得到有效的控制。

环境因素评估的目的是分析和预测建设项目存在的潜在危险、有害因素,建设项目和运行期间可能发生的突发性事件或事故,以及引起有毒有害和易燃易爆等物质泄漏,所造成的人身安全、环境影响和损害程度,并提出合理可行的防范、应急与减缓措施,以使建设项目事故率、损失和环境影响达到可接受水平。本系统提供一定的统计分析功能。

2.环境风险

按照国家和集团要求,实现企业层面的风险评估,通过建立评估模型实现企业风险等级划分,对企业风险评估工作进行登记和上报。

安全风险分级管控是为防范环境风险建立的第一道防火墙,通过定性定量的方法将风险划分等级,方便企业结合风险的大小、严重程度进行资源调配。并可对风险进行分层分级管控,重点针对重大安全风险进行跟踪检查,实时掌握风险现状,及时处理存在问题,将事故消除在起点。环境风险分级管控的顺利实施需要以下几点作为保障。

全风险预控管理信息系统以辨识风险源为目的,以风险评估结果为实施依据,以风险预知并及时整改为工作重点,以管控不安全行为为着力点,以日常安全管理为手段,采用环境风险辨识评价模型实现对风险的分级预警,并对危险源进行预防识别,尽可能地规避危险源引发的危险事故,以隔离为主要手段,以保障安全生产的有效进行为目的,在系统层面实现对风险的有效管控。

3.环境隐患

按照环保隐患管理规定的要求,建立环保隐患的实行分类、分级管理机制,满足环保隐患计划上报和审批管理要求;强化隐患项目建设过程和验收管理,及时消除环保隐患,有效防止突发环境事件发生。

将环境风险逐一建档入账,采取风险分级管控、隐患排查治理双重预防性工作机制,有效解决环境领域"认不清、想不到"的突出问题,强调环境保护的关口前移,从隐患排查治理前移到环境风险管控。要强化风险管控方法和手段,针对事故发生的全链条,抓住关键环节采取有效预防措施,防范环境风险管控不到位变成环境隐患、隐患未及时被发现和治理演变成事故。构建双控体系机制不仅仅是企业环境保护的主体责任,更是企业"标本兼治"预防事故发生和保障企业发展的根本途径。

本模块以PDCA(风险点识别—危险源识别—风险评价等级—风险管控措施—分级管控—隐患排查—隐患治理)为控制手段,在不断深入固化先进企业管理理念的基础上,整体规划设计并不断改进和完善,建立了成熟的企业信息化功能管理框架。一方面加强企业环境风险防控,增强企业免疫能力;一方面加强知识积累与创新,加速企业成长。以风险管理和知识管理为着力点,提升企业核心竞争力,保障企业稳步健康发展。

4.环境应急

根据企业备案的环境风险应急预案,将预案中应急管理响应程序导入系统,实现应急管理一键呼叫启动(给相关人员通过一键拨号的方式启动应急响应);环境应急模块提供应急预案、资源等日常管理功能,为突发事件应急处置提供支撑。

应急预案管理将对安全生产相关企业的总体应急预案、专项应急预案、部门应急预案进行采集、分类、备案、查询检索及打印,对预案进行动态管理。建设"横向到边、纵向到底、科学有效"的应急预案管理业务应用。支持各个企业的应急预案查询、修改、删除、添加操作。

应急资源管理模块主要实现对企业周边各类应急资源的录入、修改、删除、查询等功能。综合管理平台能够实现对专业队伍、救援专家、储备物资、救援装备、通信保障和医疗救护等危化应急资源的动态管理及呈现。

根据不同类型对应急救援队进行管理,实现应急救援队伍的基础信息管理,包括队伍名称、队伍人数、队伍级别、队伍类型、负责人、联系方式、地理位置等,在应急启动时能够关联相关事故类型,进行分级推荐。

为了建立、完善专业人才和专家信息库,充分发挥各类专业人才和专家在预防和处置突发应急事件中的重要作用,可通过系统企业单位的应急专家信息进行管理。公司可随时查询专家信息,发生突发事件时为应急管理提供决策建议,必要时组成专家组参加应急处置工作。应急专家信息主要描述应急专家的基本信息,包括的信息项有:专家姓名、所属单位、性别、出生日期、职务、技术职称、专业类型、专业及特长、手机、办公电话、备注等。

企业单位可对应急物资储备信息进行查看,企业可管理和维护本企业应急物资储备、配置情况,企业主要的应急储备物资可实现地图定位,保证在应急状态下的应急物资信息的获取和统一调用。对应急物资进行统一管理,包括的信息项有:物资名称、所属单位、物资类别、规格型号、功能描述、生产日期、有效期、存储数量、计量单位、存放地点、经纬度信息、联系人、联系电话等。

系统实现对应急通讯录、单位通讯录、资源通讯录、专家通讯录等信息的综合管理,管理人员可定期对信息进行动态更新,保证数据的准确性,以便服务于后期应急救援管理工作。通讯录信息主要包括:姓名、职务、所属企业、所属基层企业、办公电话、专网电话、手机、邮箱等。

环境因素管理、环境风险、环境隐患、环境应急、环境事件页面请扫描以下二维码查看。

同时系统集成硬件警报器,当企业发生应急事件时,按下警报装置,警报器会在企业指挥中心发出警报,从而指挥中心可立刻采取行动,处理应急事件。

应急事件发生时,要求所有应急人员第一时间打开App,App打开之后可在可视化指挥页面查看人员实时信息,包括人员当时所处位置、人员运行轨迹。支持通过电话、短信、邮件、传真等方式将应急人员调度信息发送给下级部门或单位。

5.环境事件

对突发环境事件进行台账管理,事件调查结果上报,具备统计分析功能。环境事件管理支持用户通过移动App随时随地进行事件上报,并上传事件发生的详细位置等信息,上报的事件在事件管理模块可以进行查询,事件记录里面会标注事件来源,平台支持事件进度管理,包括处理中、已处理、未处理事件的案例。事件管理模块可对事件进行增、删、改、查的操作。

(四) 合规性管理

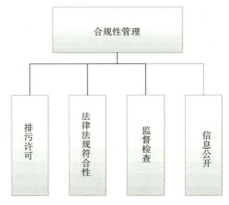

合规性管理架构图

1.排污许可

实现企业环保统计数据与排污申报数据的自动交互,并对企业排放量与国家或地方规定标准进行核对。

排污许可架构图

根据《固定污染源排污许可分类管理名录(2017年版)》中规定,我国于2017年便已建立全国污染许可证管理信息平台,于2020年完成对所有固定污染源的排污许可证核发工作。排污许可证不仅仅是一个行政许可,它同时也规定了该企业适用的排污申报、排放标准、监测方案、环保设施管理等诸多内容。

2.法律法规合规性

根据企业环评报告及验收报告,系统可自动筛选出与企业相关的法律法规,并在遇到行业或重大法规更新时自动提示并下载更新。排污许可核查围绕排污许可证进行,对其申领过程、许可证内容及落地性等方面做出分析和核实,以确保企业合法排污并符合相关法律法规的要求。

3.监督检查

本建设内容包括环保检查计划、环保检查发现问题、整改情况及计划落实情况等。同时,它与环境隐患模块关联,将发现的重大问题推送到环保隐患管理模块进行整改。主要功能是编制年度检查计划;编制月度检查计划,查看各个月份隐患排查的信息,包括项目名称、检查时间、检查状态、隐患清单;编制日常检查计划,日常检查计划可以编辑添加隐患日常巡查人员。

监督检查界面

4.信息公开

所有隐患记录和工作申请后台能自动归档,形成台账;利用隐患整改单完成隐患治理闭环管理,支持实时查询历史隐患记录;可根据隐患类别,如重大危险源、危险化学品等进行分类归总,满足企业的安全生产管理要求。

根据信息公开管理办法进一步完善"信息公开"界面,对所有的信息进行一次公开,建立信息公开汇总界面。

排污许可和监督检查页面请扫描以下二维码查看。

（五）环境体系管理

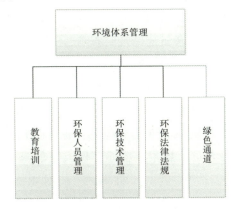

环境体系管理架构图

1.教育培训

根据企业层次架构,不同级别环保教育培训计划、培训记录的登记,浏览按培训级别、培训类别、培训对象和综合统计等实现环保教育培训信息的统计查询。

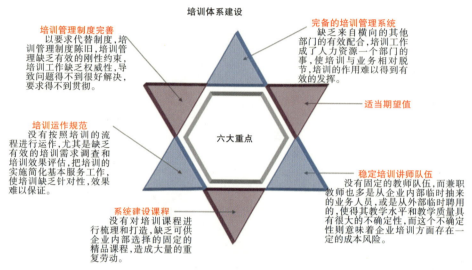

培训体系建设重点介绍

根据各岗位需要接受的培训内容、掌握程度等自动生成个人年度培训计划。

创建企业内部培训课程、课件和测验,支持多种常用格式,并能批量预置大量的培训课程/课题,根据企业情况进行调整。

建立个人画像(按专业、工作职责、喜好、年龄等),精准推送培训课程及测验,员工能随时随地接受培训,并在线测试,形成员工培训档案。

支持在线批阅测验试卷、考试成绩及时查看、不合格员工启动补考程序。

提供交流平台,及时反馈学习动态。

2.环保人员管理

企业组织机构的环保相关管理职位、人员、职责、联系方式等信息的登记和共享。建立完善环保人员库,通过企业单位的环保人员信息进行管理,企业可随时查询人员信息。环保人员信息主要描述环保人员的基本信息,包括的信息项有:人员姓名、所属单位、性别、出生日期、职务、技术职称、专业类型、专业及特长、手机、办公电话、备注等。

3.环保技术管理

通过发布成熟有效的环保技术,方便各企业对环保技术的运用选择,实现资源共享。管理员可在后台上传环保技术资料库,并且文档类别可自定义。管理员可上传一些常用的资料,上传格式包括MP4、PDF。管理员可定期对环保技术资料库进行维护更新。

公司管理部门可通过自身编制和外部搜集建立环保技术资料库,各用户不仅可以利用环保技术资料库中的内容,也可以将自己编制或搜集的资料提交给管理人员审核,经复核和修订后入库共享。

系统对环保技术进行综合管理以及环保技术报备,具备统计分析功能。环保技术管理支持用户通过移动App随时随地进行查阅,环保技术记录里面会标注环保技术来源,平台支持环保技术管理,包括不同类型的环保技术资料。事件管理模块可对事件进行增、删、改、查的操作。

4.环保法规制度

国家的规章制度以及集团公司、直属企业规章制度发布审批功能,实现对规章制度修订的征求意见、登记和查询统计功能。

环保法律法规的管理,主要是通过信息化手段保证其完整性和实效性,能够让公司各部门通过该模块随时随地查阅到国家和行业最新的环保法律法规和标准,帮助其做到安全生产的合规性,建立符合自身公司所需的环保法律法规知识库。

环保法律法规库管理,能够根据类型和区域进行划分,其中类型和区域可自定义,法律法规的更新可在历史法律法规基础上进行直接更新,同时保留了历史法律法规,系统能够直观地查看现有和历史法律法库。系统可实现自动推送功能,确保法律法规库的完整性。通过该库可直接下载和查看具体的法律法规。

5.绿色通道

实现基层员工对环保违规超标等问题的投诉,保证企业领导能够及时了解环保情况;也可通过移动端直接上报企业环保违规违法信息,保证环保监察力度。

作业许可安全、机动、生产等管理人员或监理单位对现场进行监督检查,包括人员、机具设备、环境、管理方面等内容。

对现场排查发现的人员违章情况,排查人员通过移动端设备扫描作业人员信息卡二维码,弹出违章记录上报表,排查人员勾选违规信息并拍照上传,将违章信息推送到相关人员,方便相关人员跟踪改进情况。

作业人员信息和作业机具,采用二维码进行管理,现场通过扫描二维码核查人员信息和机具信息。系统自动根据不同分类统计分析现场违规情况。

教育培训、环境人员管理、环保法律法规、绿色通道页面请扫描以下二维码查看。

(六) 环境风险监控

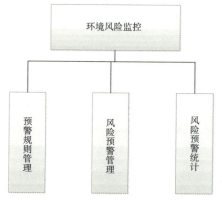

环境风险监控架构图

为了切实做好环境保护工作,企业需要对环保工作做好监测。本功能即实现了企业对各级环保监测人员、监测设备、监测资质等信息管理工作。

建立企业各级监测人员、监测设备、监测资质等详细信息;实现排污点基本信息登记,以及每个排污点监测项目、监测频次、执行的标准值维护;登记所管排污点日常的监测数据,可以按监测点和监测项目录入数据,并可直接录入监测值或通过录入原始值自动计算监测值;对监测数据进行统计分析,统计各排污点超标次数,计算各监测项目的平均值、最大值、最小值。

对企业环保运行风险进行全面监控,加强污染物源头控制,建立企业环保管理全流程预警机制,并实施全方位风险监管和预警预报,提高风险快速反应能力。

1.预警规则管理

预警规则的制定遵循简单、适用的原则,基于系统平台在线监测数据与人工填报数据,结合绩效考核指标及标准,识别并量化风险因子及风险阈值,通过系统平台对预警规则进行制定与管理,具体实现功能包括:

(1)对风险因子的管理:支持对风险类别的划分,支持对风险指标项的添加、修改与删除,支持对风险指标项预警信息的编辑。

(2)对风险阈值的管理:支持对风险指标项对应预警限值及预警级别的设定。

(3)对预警责任人的管理:支持对各项风险指标预警信息接收人的姓名、电话号、微信号、邮箱等信息的配置管理。

2.风险预警管理

系统根据预先定义的风险预警条件对数据进行自动识别分析,若发现运行状态异常或指标超出预警值,则以地图闪烁、列表报警、声音报警以及短信报警等方式向用户发出报警信息,具体实现功能包括:

(1)支持在GIS地图上以突出文字、颜色、闪烁等方式显示预警信息。

(2)支持在报警列表中显示详细预警信息(风险项目、预警时间、预警值、预警级别、处理状态、处理人、处理时间等)。

(3)支持通过系统内置的设定程序由短信、微信、电话、Email等形式将警情发送给相关负责人员。

3.风险预警统计

通过对系统发布的风险预警数据进行统计,分析环保水平,为运行管理薄弱环节加强监管提供依据。具体实现功能包括:①支持对任意时间范围内整体及各单位各类风险预警发生次数进行统计;②支持对任意时间范围内整体及各单位各类风险预警平均处理时间进行统计;③支持按年、按季、按月对整体及各单位各类风险预警发生次数变化率进行统计;④支持按年、按季、按月对各单位各类风险预警发生次数进行排名;⑤支持按年、按季、按月对各单位各类风险预警平均处理时间进行排名;⑥支持按年、按季、按月对各单位各类风险预警发生次数变化率进行排名。

预警规则管理和风险预警管理页面请扫描以下二维码查看。

参考文献

[1]国务院关于印发《中国制造2025》的通知,2015年5月19日。

[2]国家制造强国建设战略咨询委员会,中国工程院战略咨询中心,《智能制造》,电子工业出版社,北京,2014。

[3]胡虎,赵敏,宁振波,《三体智能革命》,机械工业出版社,北京,2016。

[4]李杰,倪军,王安正,《从大数据到智能制造》,上海交通大学出版社,上海,2016。

[5]李杰,邱伯华,刘宗长,魏慕恒,《CPS:新一代工业智能》,上海交通大学出版社,上海,2017。

[6]周济,智能制造——"中国制造2025"的主攻方向,中国机械工程,26(2015)2273-2284。

[7]国务院关于深化"互联网+先进制造业"发展工业互联网的指导意见,2017年11月27日。

[8]中国电子技术标准化研究院,《信息物理系统白皮书(2017)》,2017年3月2日。

[9]工业和信息化部、国家标准化管理委员会关于征求《国家智能制造标准体系建设指南(2018年版)》(征求意见稿)意见的通知,2018年1月15日。

[10]国务院关于印发《新一代人工智能发展规划》的通知,2017年7月8日。

[11]中国管理模式杰出奖理事会,《中国企业转型之道:解码中国管理模式》,机械工业出版社。

[12]杜品圣,顾建党,《面向中国制造2025的制造观》,2017年10月。

[13]陈明,梁乃明,方志刚,刘晋飞,唐堂,王亮,《智能制造之路:数字化工厂》,机械工业出版社。

[14]《智能制造发展规划(2016—2020年)》,中华人民共和国中央人民政府网。

[15]工业和信息化部关于印发《高端智能再制造行动计划(2018—2020年)》的通知(工信部节〔2017〕265号),中华人民共和国中央人民政府网。

[16]工业和信息化部、国家标准化管理委员会关于印发《国家智能制造标准体系建设指南(2021版)》的通知(工信部联科〔2021〕187号),中华人民共和国中央人民政府网。

[17]工业和信息化部关于印发《工业互联网App培育工程实施方案(2018—2020年)》的通知(工信部信软〔2018〕79号),中华人民共和国中央人民政府网。

[18]关于印发《工业互联网创新发展行动计划(2021—2023年)》的通知(工信部信管〔2020〕197号),中华人民共和国中央人民政府网。

[19]中华人民共和国工业和信息化部 国家发展和改革委员会 财政部 国家市场监督管理总局公告 2022年第39号,中华人民共和国工业和信息化部。

[20]中华人民共和国工业和信息化部 国家发展和改革委员会 财政部 国家市场监督管理总局公告 2022年第5号,中华人民共和国工业和信息化部。

后记

回顾《数字化转型与智能制造》一书的创作思考与实践历程,思绪起伏,感慨万千。创作虽耗时却未曾感到焦灼,实践虽费工亦未曾有过抱怨。面对重重困难,我们总能轻松化解,项目上线异常顺利,所取得的成果远远超出了预期,真可谓是瓜熟蒂落、水到渠成。在此,由衷感谢渤化领导高度重视,感谢公司上下齐心勠力,感谢项目团队日夜付出,感谢合作伙伴鼎力相助!

至此,智能制造已成功树立典范,智能工厂将如雨后春笋般涌现。本书所蕴含的思想与实践之火种,必将燃起燎原之势,引领流程行业迈向繁荣昌盛的未来。

与同行交流时,常听他们感慨:"广大同行如何才能顺利实现智能制造?还需具备哪些条件?又需克服哪些困难?"本书在多个章节中已对此进行了详细阐述,现总结如下:

一、思想变革

智能制造不仅是制造方式的变革,更是思维方式的深刻转变。许多企业在传统生产方式与智能生产方式之间徘徊不定,有的虽了解智能应用却对智能制造持怀疑态度,有的沉迷于过去的成功而不愿接受现实的变化,有的则采取观望态度,甚至有人阻挠变革、诋毁智能制造。这些均为思想层面的障碍。思想为行动之先导,思想不通则政令难行,思想转变则政通人和。因此,思想先行是根本,知行合一方为大道。

二、人才统领

智能制造作为新兴事物,仍处于探索阶段,涉及工艺、设备、自控、电气、计算机、电信、质检、安全、环保、消防、安防等几乎所有工程专业领域,同时与企业运营维度如生产运行、企业管理、人力资源、财务财会、采购销售、项目建设、科技研发等高度相关。因此,非通才、帅才、全才不能统领全局,非高度专业人才难以胜任具体工作。目前,人才缺乏已成为行业共识,唯有通过形成范式、建立标准、降低难度、广泛实践、培养人才等措施,方能彻底解决这一问题。

三、范本参考

尽管智能制造得到了政府的大力支持,并有许多企业勇于实践,但成果仍显寥落,难以找到真正的成功经验并建立范式。各企业对智能制造的理解各异,有的偏重于专项应用,有的流于形式,有的内容匮乏,有的高度定制难以推广复制,且缺乏维护和升级的支持。因此,智能制造的标准范式仍处于苦苦探索之中。本书所述的智能制造范式或许能为企业提供一定的参考价值,使后人无需再摸索前行。

四、部门支持

智能制造是一项系统工程,需要公司各部门的协同配合与共同发力。参与智能制造的部门涵盖生产、技术、营销、财务、人事、工程、研发等几乎所有领域。然而,各部门诉求不同、态度各异,获得各部门的通力支持实属不易。加之各部门分属不同主管领导,协调复杂、难度较大。目前,各企业的实践多以碎片化、局部化、个性化为主,缺乏全局化、整体化、标准化的解决方案。这与部门间壁垒过高、缺乏相互支持密切相关。智能化亦包括管理的智能化,管理效率低下、部门间缺乏配合,也反向凸显了智能化实践的必要性。

五、过程控制

智能制造的目标虽诱人,但实施起来却异常艰难。其专业性强、供应商众多、过程复杂、要求严苛,为以往项目所罕见。在智能制造实施的关键节点上,常常遇到未能百分百完成的情况。数字化不彻底、数据穿透力不强、数据集成度不够以及自分析、自诊断、自预测、自优化能力不足等问题层出不穷。许多目标层层打折，仅停留在表面形式或成为供人参观的展示品。因此，过程管控已成为智能制造达标的关键所在。

六、斩断利益纠缠

智能制造不仅是制造方式的变革，更是管理方式的深刻变更。智能制造数据精准、流程透明、管理科学、运营高效，是平庸管理向卓越管理转变的必由之路。然而，透明的数据和流程会暴露真相、扫清寻租空间，因此智能制造的实施必将遭遇利益纠缠和层层阻挠。然而，当一切过程透明化的管控上线之时，便是阴霾尽扫之日，我们何惧之有？

道阻且长，行则将至。第四次工业革命已经到来，智能制造是历史大势所趋，势如破竹、势不可挡！